晓梅说美体

张晓梅 /著

Talking About Shaping
SHAPING

中国青年出版社

每个女人**从这里开始**

　　哲学家克尔凯郭尔说："每个美女都是美的造物，又是一个美的整体。明媚的笑，淘气的眼神，期待的目光，沉思的头，丰盈的意志，忧悒的情绪，掠人的眉宇，疑惑的樱唇，神秘的额头，野趣的行为，茂盛的睫毛，起伏的胸脯，丰满的臀，小巧的脚，纤细的腰，天使的纯洁，如梦的渴望，空灵的优雅，不可言语的叹息，羞涩的谦柔。这个美女是上天唯一造就的美女。"

　　美女是人类文明用之不竭的思想灵性的源泉。美俘获人的心灵，魅惑人的思想。不过，即便是哲学家笔下如此诱人的美女，多半以上的美并不是天造的。因此，我主张女人的美是可以修炼的，修炼的美才会进化获得女人长久美的魅力。

　　近年来，我作为全国妇联女性素质培训的指定专家，在全国各地做了大量演讲。在与各地女性的接触中我发现，不少中国女性还是存在一种根深蒂固的意识，尽管她们否定美丽等于魅力，但却不能确定自己的魅力，当问及是否拥有魅力时，她们眼中多会显得茫然和缺少自信。这表明，不少女性并不认识魅力，她们会以为假如没有常人认定的美丽和妙龄，便远离了魅力，这是一个很大的误区。

　　很多女性朋友喜欢听我的讲座、读我的书，原因在于可以让她们确认魅力是可以提升的，这给了她们希望和信心。她们同时也表示，渴望得到提升魅力更多的知识和具体的方法。为此，我开始规划系列魅力实用丛书，第一本从今年初的《晓梅说礼仪》开始了。

　　说实话，礼仪无论怎么说，都是单调而枯燥的，市面上这类书藉也有不少，不过，出版社的销售信息反馈出，这本礼仪书是同类书最畅销的。我知道，畅销的原因是因为书中实践着这套魅力丛书的基本原则：让每个女人能够由此改变和进步！为此，这套丛书必然要做到更实用，更细节，更正确。

　　时隔大半年，丛书的第二本《晓梅说美容》和第三本《晓梅说美体》同时出稿了，这两本书源自我和我的团队八年来的大量深入调查和研究成果。书中运用了大量美学、文学、医学、营养学、色彩学和心理学等专业知识，第一次系统地总结和论述了中国美女标准和内涵。这些标准涵盖了女性容貌和身体美的方方面面，告诉人们什么是中国女人最美的脸形，轮廓，嘴形，鼻高，身形，肌肤，发质，指甲等等。

有人提出，美是没有标准的。之前，我也持有同样的观点，直到完成这项研究后，我确认，美是有相对标准的。事实上，国际时尚界早有90：60：90的三围标准，天下女人并不都会为这标准寻死觅活。在我看来，美的标准更像一把有魔力的尺子和一面光亮的镜子，它能比照出人的长处和不足。每个女人美的天赋是有限的，假如你都不知什么是美，又如何谈改变和增进呢？

《晓梅说美容》和《晓梅说美体》两本书抛开绝对美女标准，细说容貌和身体的美，并更注重女人该如何打造这种种的美。外形美是女人美的第一视点，外形美有很强的可塑性，女性更是如此。遗憾的是，很多女人一生总在悲伤不完美的相貌，身高或体形，还会在年龄增长后放弃改进，这是错误的。其实，以我的研究和切身体验，人对自体美的驾驭力和改造性是超乎寻常的，而对大多数女性来说，这种能力尚未开发。为此，你该了解中国女人的美感特点，并得到浅显易懂，简便实用的美丽方法。

出版这两本新书得到了很多友人的支持和众多读者的关注，他们给予了我最大的热情和动力。还要感谢我的精英团队刘晓琴、梁春燕、马玉珂等配合出色；同时特别感谢中国青年出版社的独到眼光和执着，正是他们苛求完美的追求和全力配合，才成就这套书的诞生。

"我该做什么？我该如何做？"针对女人这最直接的需求，接下来，这套实用的丛书还会不断地丰富下去。希望或温柔恬静、或乖巧聪明、或活泼可爱的你，从现在开始，点点滴滴，把增进美而不仅是追求美融入生活中，与魅力牵手，优雅、从容地生活，获得自信的美。

张晓梅　2008年8月28日　北京

目 录
contents

目 录
contents

目 录
contents

目录
contents

PART 1

颈之美

　　《诗经》中有一句"领如蝤蛴"，是中国最早谈到女人颈项美的文字。领是颈；蝤蛴（qiú qí），古书上指天牛的幼虫，乳白色，长而丰满。"领如蝤蛴"就是颈项如蝤蛴那样洁白圆润。女人的颈，洁净如象牙，光滑如天鹅绒，不宜太瘦和细长，稍稍丰盈一些，更富有性感。

一　颈之美标准

①　颈的形态美

　　女性颈部的美以两侧对称、比例适中、血管不显露、平坦、润滑、富有弹性、活动自如为基本要求。

　　颈部粗短，会给人笨拙之感；颈部过于纤细柔弱，则显有病态；若颈部筋骨毕露，则给人以火暴躁动之感；如颈部有脂肪堆积，则显得臃肿；火鸡脖则给人衰老体弱的印象；歪颈使人体失去平衡。这些都是颈部形态之大忌。

②　颈的比例美

　　人体美是人体整体结构所具有的美。因此，颈部不仅仅只有唯一的完美标准，而是应该与体围存在一定的比例。根据我国成年女子的体形特点，专家提出，正常妇女的颈围长度应该是小腿围减去2厘米。

③ 颈的外观美

在外观上，则以平坦、润滑、丰满，皮肤细腻白嫩且富有弹性者为最佳。女性颈部修长，袒露或缀以装饰，配合后颈部飘荡的青丝与摆动的腰臀，会增添无限魅力。

在日常生活中，颈部应保持良好姿态，走路时要昂首挺胸，目光平视前方，使人看上去精神抖擞、气宇昂然、信心十足。颈部保持良好姿态会增添人的风度和气质美。

🔍 链接 interlinkage

美容专家眼里的美颈等级评定标准

依据颈围大小、颈的长短、颈部皮肤状态，可以对颈项进行美学评级。

+++级
颈项较长，颈围中等或较细，皮肤光滑没有皱纹。

++级
颈项较长或中等长，颈围中等或较细，皮肤光滑没有褶皱。

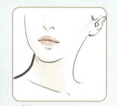
+级
颈长中等偏上，颈围中等，皮肤欠光滑或有时有少许褶皱。

±级
颈长中等偏下，颈围中等偏下，皮肤有少许褶皱。

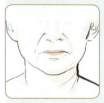
－级
颈项较短较粗，颈围偏大，皮肤有褶皱。

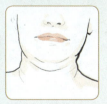
－－级
颈项粗短，颈围大，皮肤有褶皱。

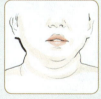
－－－级
颈项特短，颈围特大，皮肤有褶皱或皮肤松弛。

二 服饰修饰美颈高招

① 过长颈的修饰

脖子偏长不是太严重的问题，这种身材反而可以拉长体形，可以好好加以利用这一特点。

较长颈部的修饰：

细长的脖子通常是女性求之不得的，但如果你觉得它太过细长而影响了整体协调的话，可以用一些辅助饰物将人们的视线引开，比如用丝巾围在颈部，提高领子的高度或佩戴引人注目的胸针，在视觉上制造断面，使颈部显短。

船形领（即大一字领）会缩减颈部线条，适合长颈的人穿着。

选择鲜亮的口红，使人们的视线集中在唇部。

选择蓬松的发型，使颈部产生膨胀感。

露出颀长的颈部，是晚会或派对上最抢眼的造型，所以，不一定要遮起来。在参加这些活动时，可以考虑露出颈部及肩膀，营造绝佳的特殊效果。短发造型或将头发盘起来，更能显出优美的颈部线条。

② 短颈的修饰

如果脖子太短，以至让人产生缩脖子的感觉的话，可以通过下面几种方法使它看起来长一些：

选择凹领和 V 字领的服装，使颈部产生延伸感。避免圆领、船形领，或将纽扣一直扣到领口，生硬地切断颈部线条。

脖子周围避免过多饰品。放弃复杂、封闭式的领口以及方形领巾、围巾和厚重的高领毛衣。冬天颈部需要保暖时，可以穿质料轻薄的浅色高领毛衣。也可以借助长项链制造同样的凹感，使颈部与肩的比例趋于正常。

在颈部两侧刷上红色阴影粉，加强立体感。

留短发，或把头发拢在脑后盘起来，亮出整个颈部。

避免任何会把视线移至颈部的饰品，譬如领巾、短项链、坠式耳环等。

三　颈部皱纹产生的原因

为什么我们的颈项极易生出皱纹呢？

一是由于颈部皮肤十分细薄而且脆弱，其皮脂腺和汗腺的分布数量只有面部的1/3，皮脂分泌较少，保湿能力自然比面部要差许多，从而容易导致皮肤干燥，让皱纹悄然滋生。

二是因为我们日常生活和工作中的不良姿势过多地压迫颈部，诸如爱枕过高的枕头睡觉；只顾埋头工作，很少利用间隙，抬一抬头活动活动颈部；用脖子夹着电话听筒煲电话粥；不注意颈部的防晒等，都极易加速颈部肌肤的老化和松弛，而这种皱纹一旦产生，便很难完全消除。

四 赶走颈部细纹的N个小魔法

随着年龄增长，皮肤的弹力降低，颈部出现的皱纹让很多女性感到苦闷。但只要坚持以下方法，就可以防止颈部出现皱纹。

❶ 点穴美颈按摩篇

穴道按摩可以促进血液循环和淋巴的顺畅，预防颈部皱纹的产生，并让颈部肤质光滑柔嫩。不过，由于颈部有许多动脉血管，所以指压穴位按摩时，力度宜轻柔，慢慢按摩3～5分钟即可。

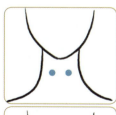

■ 人迎穴

穴 位 喉结左右两侧约二指横宽凹陷处。

按摩方法 以手指指面轻轻按压，或做圈状按摩。

美颈功效 改善血液循环，美化颈部肌肤。

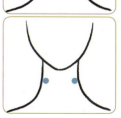

■ 扶突穴

穴 位 喉结正中央旁开3寸（约4指横宽）处。

按摩方法 以手指指面轻轻按压，或做圈状按摩。

美颈功效 改善血液循环，美化颈部肌肤，还可有效缓解因感冒引起的颈部不适症状。

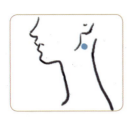

■ 天容穴

穴位 位于耳下颚的角落后侧。

按摩方法 以手指指面轻轻按压，或做圈状按摩。要向对侧眼睛的方向施力按压。

美颈功效 改善血液循环，美化颈部肌肤。同时还可治疗颈部疾病，如颈部僵硬、颈部酸痛。

■ 风池穴

穴位 耳垂后至颈后正中发际连线中点凹陷处。

按摩方法 以手指指面轻轻按压，或做圈状按摩。要向对侧眼睛的方向施力按压。

美颈功效 美化脸部至颈部曲线。同时还可以改善失眠、颈项僵痛、感冒头痛，可醒脑明目。

■ 天柱穴

穴位 后发际正中直上半寸外约1寸（大拇指横宽）的地方。

按摩方法 以大拇指指面按压，或做圈状按摩。要向对侧眼睛的方向施力按压。

美颈功效 美化下巴至颈部线条，改善脖子僵硬、头痛、肩背痛、鼻塞等症状，增强记忆力。

判断找准穴位的小诀窍

简单实用又有效的穴道按摩非常适合于家居使用，但很多人由于担心取穴位置不准确影响效果，因而懒于实施。

其实，选穴位置是否正确有个简单的判断标准，即：用手指肚按压一下所找到的穴位，看看有无酸、胀或痛的感觉，正确的穴位反应点被刺激时常伴有酸胀感或轻微痛感，如果身体有异常，还会出现明显刺痛感。相反地，如果按压时没有这些反应，则说明穴位位置没找准。

美颈按摩的手法一是以双手中指或食指交替按压上述位于颈部两侧的穴道，重复数次。二是要利用中间三指，在颈部由下往上拉提。三要轻捏颈部肌肤以增加弹性。

专家提示

② 生活习惯篇

颈部也要勤护理。颈部和脸部的肌肤一样，整天暴露在紫外线下，因此早晚护理脸部肌肤时，也要往颈部涂抹适量的颈霜，如果一时没有，可以用护理脸部的日霜和晚霜代替。

收紧颈部肌肤，多用冷热水交替清洗颈部肌肤。温热水有利于打开毛孔，彻底清洁，但同时，热水也会带走肌肤上大量的皮脂和水分，从而造成皮肤的干燥状态，容易出现皱纹。用冷热水交替清洗，温差就可以刺激毛细血管，促进皮肤的新陈代谢，使皮肤收紧。

保持正确的睡姿。应该保持正面向上平躺成一字形的睡姿。注意枕头不能太高或太低，应能恰当地支撑脖子，不会给颈椎和颈部肌肉造成负担，也不会使颈部肌肉过于松弛而产生皱纹。

选择适合的枕头。枕头的高度应与自己前臂的粗细程度相同。普通体格的男性适合的枕头高度是4~6厘米，女性则是3~4厘米。偏瘦或者偏胖的体形，相差1~2厘米也可以。长度则应长于肩宽，宽度要能够均匀地支撑从头到肩的部分，以50厘米左右的宽度为宜。

如果长时间在室外活动，出门前最好多涂些含有抗UVA/UVB的保湿乳液。

平时尽量保持抬头挺胸的站姿和坐姿。

远离香烟，因为香烟中的尼古丁等有害成分会使皮肤表面的水脂化合物

颈之美 xiao jing beauty talking about shopping

含量减少，导致皮肤弹力纤维变形，从而形成皱纹。

少喝浓茶和咖啡。虽然二者有提神、利水的功效，但喝多了会引起细胞脱水，反而致使皮肤干燥。即使喜欢喝也要控制量，以一杯250毫升计算，每天应控制在2杯以内。尽量多喝白开水或矿泉水，每天至少喝1500毫升。

多吃清淡食物及新鲜蔬果，及时补充纤维和维生素C，也可预防皱纹的产生。

用鸡骨头煲汤，鸡骨头里有软骨素，可以提高弹力纤维。用猪蹄炖黄豆也是一道防皱良方，最好是母猪蹄，因为猪蹄里的胶质很丰富，能够提高肌肤的弹性。

气候较冷、风沙较大时，一定要系好围巾，既防风又保暖，防止皮肤变得干燥。

❸ 运动美颈篇

要保持身体的年轻状态，就要坚持做运动，为了预防脖子长皱纹和皮肤松弛，也要坚持做"颈部体操"。

脖子向后仰，下嘴唇向前伸出，像是将下巴往前推一样，数到5。感到嗓子眼周围充分舒展开之后，恢复常态。反复做5次。

肩膀端正，将脖子前伸，直到感觉有拉力为止。这时要注意肩膀不能动，只是将脖子向前拉伸。然后恢复常态，再将头后仰，使脖子有一下子舒展开的感觉。

常态下，脖子慢慢向右转，数到10，恢复常态，再将脖子向左转，数到10。这样的动作反复做10次。

将肩和腰挺直，用脖子划圆，向左向右轮换着进行。要慢慢地做，不要拉伤颈椎。反复做10次。

将双臂向前伸出，与肩等宽，手背向上，反复做耸肩的动作。注意脖子要挺直，头部不能动。反复做10次。

五 对抗颈部脂肪的小妙招

① 日常护理篇

■ 用冷水洗颈部

用冷水洗颈部是利用低温使血管收缩，以消除颈部浮肿。用毛巾或手掬起冷水泼在颈部，反复3~5次即可。

■ 清洗后拍打颈部

清洗完毕，不要用毛巾将颈部的水分擦去，而是用手掌轻轻拍打颈部。这时应稍稍用力，使颈部肌肉紧张，塑造出曲线。方法是脸稍稍抬起，用两手交替拍打颈部皮肤，反复10次，然后再用指肚轻弹1~2分钟，直到颈部没有水分为止。

■ 用冰块做颈膜

把冰块包在一个保鲜袋里，再用一层薄毛巾将它裹住，然后用它直接接触颈部。或者平躺下，将冰冻过的毛巾像敷面膜一样，敷在颈部。

■ 用冰镇过的紧致颈霜涂抹颈部

在颈部涂抹冰过的紧致颈霜，可以有效改善颈部的脂肪堆积状况。方法是将无纺化妆棉浸透颈霜后，放在冰箱冷藏室中10分钟，再用它涂抹颈部脂肪堆积的部位。

■ 用热毛巾按摩颈部

热毛巾按摩颈部是简单易行、效果理想的方法之一，它能促进新陈代谢、脂肪燃烧，使颈部肌肉均匀平整。每天将热毛巾放在颈部，用手掌轻轻地按压约3~5分钟，让颈部感觉到热乎乎的，可使血液循环通畅，长期坚持可以消减颈部脂肪。

■ 颈部做运动

如果整个颈部都比较胖，最好的方法就是每天对着镜子做做扭转脖子的运动，动作可以适当夸张。推荐新疆舞中的"移颈"动作，坚持3个月以上，就可以见到明显效果。

■　利用淋浴喷头做按摩

　　这是一种利用水压祛除颈部脂肪的方法。将淋浴喷头贴近面部，对准脂肪较多的部位，先用冷水冲淋2~3分钟，再用36℃左右的温热水冲淋2~3分钟，最后再用冷水冲淋2~3分钟。冲洗后要轻拍皮肤，这样可以消除颈部浮肿，增加颈部肌肤弹性，消减脂肪，使颈部重新变得修长。

■　勤练"美颈球"

　　美颈球是一种蓝色胶状球，属于高效弹力胶，对于消除双下巴、舒缓现代人经常遇到的颈项紧绷、肩痛等问题有很好的作用。每天只要把它夹在下巴下，轻松运动3分钟，就能让松弛的脸部肌肉结实，让双下巴消失。除此之外，利用美颈球在下巴处一挤一压的运动，还能让肩膀、颈部肌肉疼痛得以减轻。

　　注：很多网上商店有卖这种球，一些健身器材商店也有卖的。

❷　瑜伽瘦颈篇

■　猫伸展式

做　法

◎　双手、双膝和小腿着地，呈动物爬行姿态。

◎　吸气，抬头向上看，收紧背肌，腰部下沉，翘起臀部，保持6秒钟。

◎　呼气，放松颈部，垂头，含胸，收缩腹肌，拱起后背，保持6秒钟。

　　如此反复，做4~8次。

效　果　活动整个脊柱，放松肩部和颈部，收紧腹肌，减缓痛经，改善月经不调和子宫下垂。

■ 眼镜蛇扭动式

做 法

准备

◎ 俯卧，双手撑于胸两侧。

◎ 吸气，双臂伸直，撑起上身，头向后仰，眼看上方。

◎ 呼气，头部慢慢转向右侧，双眼注视右脚跟，保持6秒钟。

◎ 吸气，还原。

◎ 呼气，头部再转向左侧，两眼注视左脚跟，保持6秒钟。

◎ 吸气，还原。

以上动作共做3次。

替代做法 如果腰部僵硬或有伤病，可选择下面两种动作来替代。

◎ 前臂支撑于地，缓和腰部的紧张不适感。

◎ 手臂尽量向前远伸，以缓解对腰部的压力。

效 果 活动颈椎，减少颈部赘肉，挤压、按摩腹部内脏，对腹腔内器官尤其有益。

■ 仰卧婴儿式

做 法

准备

◎ 仰卧，调整呼吸。

◎ 吸气，屈右腿，双手抱住。

◎ 呼气，双手用力压腿，贴近胸腹部。

◎ 先吸气，然后呼气，同时抬起头部，让下巴贴膝。

◎ 过渡到鼻尖贴膝，保持几秒钟。

◎ 还原后，换腿再做。左右腿各做3次。

◎ 吸气，屈起双腿，双手抱住，呼气，双腿压向胸部。

◎ 先吸气，再呼气，同时抬头贴膝。

   如此反复，共做3次。

效　　果 伸展、强化颈部肌肉，并排出腹部浊气，减缓便秘症状。

■ 半脊柱扭动式

做　　法

准备

◎ 坐正，双腿向前伸直，然后屈左腿，将左脚放于右腿上，脚心朝上。

◎ 呼气，左臂前伸，左手抓住右脚。

替代做法 如果手够不到，可以借助毛巾或绳子。

◎ 上身转向右边，将右臂尽量收向背部。

◎ 右手揽住腰的左侧。

◎ 先吸气，然后呼气，同时头部和上身躯干尽量向左转，保持20秒自然呼吸。

   换腿再重复此式。如此反复，共做3次。

效　　果 伸展、强化颈部肌肉，放松肩关节，活动脊柱，预防背痛。

六 专业美颈进行时

　　你是时尚人士吗？你热爱时尚吗？如果你是"时尚中人"，一定会对自己的肌肤呵护有加，生活中的日霜、晚霜以及精华素你一定不陌生了，但是爱美的你怎么能错过时下美容院里最新的美颈项目呢？鉴于颈部皮肤皮脂分泌少、持水能力差、容易干燥等种种特点，保湿、滋润理所当然成为我们护理颈部皮肤的重中之重。

❶ 秀色美颈护理

适用于 颈部有细小皱纹。

效果介绍 可深层软化溶解老化角质，清除污垢及油脂，增加肌肤吸收和补水功能，令肌肤清爽自然。配合仪器精油按摩，能有效改善松弛下垂的肌肤，延缓颈部肌肤衰老，减少颈部细小皱纹，收紧抚平颈部和下颌部褶皱，塑造颈部完美线条。专业颈膜能促进血液循环，减轻甚至消除面部浮肿和颈部的酸痛，同时防止皱纹出现。最后涂上的凝肌美颈露令美颈光滑细嫩。

❷ 嫩白收紧美颈护理

适用于 颈部皮肤已出现松弛、缺水状况，双下巴，皮肤粗黑萎黄。

效果介绍 嫩白收紧美颈护理是许多美容院推出的单独针对颈部的护理，专业产品配以美容师的专业手法可以让拉皮去皱、收紧嫩肤与美白滋润三效同时发挥作用，增进身心健康舒畅，延缓颈部皮肤的衰老松弛，有效对抗地心引力。另外，专业颈部护理还可以改善颈部肤质肤色，让颈部恢复润泽的青春状态。

❸ 专业护理流程大公开

　　目前具有专业护肤水准的美容院已将基础颈部护理纳入面部护理中，以倡导一种全方位的美容保养概念，这其中包括颈部的去死皮、按摩和颈膜等基本步骤。顾客在这个护理的过程中可达到保养颈部的基本目的。如果颈部皮肤已出现松弛、缺水、颈部轮廓感下降的情况，则需实施更具针对性的颈部保养步骤，它包括：

第一步，清洁　做完脸部护理之后，进行简单的颈部清洁。

第二步，深层清洁　爽肤后，取5~6毫升美颈浴盐涂抹颈部肌肤，轻轻按摩2~3分钟，清水清洁。可深层软化溶解老化角质，清除污垢及油脂，增加肌肤吸收和补水功能，令肌肤清爽自然。

第三步，仪器精油按摩　利用仪器，进行凝肌美颈精油按摩5~10分钟，能有效对抗松弛下垂的肌肤，延缓颈部肌肤衰老，减除颈部细小皱纹，收紧抚平颈部和下颌部褶皱，塑造颈部完美线条。

第四步，敷颈膜　取凝肌美颈膜15毫升加1~2滴凝肌美颈精油充分揉和，敷膜20分钟，清水清洁。这种深层的颈部按摩护理，能促进血液循环，减轻甚至消除面部浮肿和颈部的酸痛，同时防止皱纹出现。

第五步，滋润　整个过程结束后，取适量凝肌美颈露轻轻揉抹于颈部，仔细拍打，直至皮肤完全吸收，令美颈光滑细嫩。

🔍 **链　接　interlinkage**

如何用颈霜才有效？

　　要真正做到防止颈部老化，就一定要用专业颈霜加以护理，这样可以有效地预防和减缓肌肤皱纹。每晚使用颈霜或按摩膏为颈部做重点按摩，可令颈部肌肤紧致，减少颈纹的产生，令肤色白滑有光泽。

第一步　双手取一元硬币大小的颈霜或按摩膏，由下至上轻轻推开。

第二步　头部微微抬高，利用手指由锁骨起往上推，左右手各做10次。

第三步　利用拇指及食指，在颈纹重点地方向上推（切忌太用力），约做15次。

第四步　最后用双手的食指及中指，放于腮骨下的淋巴位置，按压约1分钟，以畅通淋巴系统排毒作用。

七 居家美颈护理DIY

如果没有条件和时间去专业美容院做颈部护理，也可以在家自己动手美颈，享受DIY的乐趣。具体操作如下：

1 清洁颈部肌肤

用37℃左右的温热水将毛巾浸湿，轻轻擦拭颈部肌肤，去除尘垢。千万注意水温不可太热，否则会刺激皮肤，长期如此反而易引起松弛老化。

2 去角质

取用颗粒细致的去角质产品（如面部用的去角质霜）涂抹于颈部，用拇指外其余四指指腹以螺旋打圈的方式由下往上稍做搓揉按摩，去除颈部肌肤表面的老化角质，然后以清水洗净或以温湿毛巾擦净。

注：颈部肌肤较薄，不宜使用颗粒较粗的身体类去角质产品。

3 敷颈膜

在自家厨房里用果蔬等原料自制颈膜，既可以保养颈部肌肤，维护颈部的美，又可为生活增添几分小乐趣。下面这四款具有滋润、美白和嫩肤功效的自制颈膜操作方法都很简单，你不妨一试。

蛋黄橄榄油颈膜

【原　料】蛋黄3个、橄榄油15毫升。

【做　法】将蛋黄和橄榄油混打在一起直至起泡，然后敷在清洁后的颈部肌肤上，大约15分钟后用温水洗净。

四合一果蔬奶汁颈膜

【原　料】黄瓜半根、中等大小西红柿半个、苹果半个、奶粉2~3大勺。

【做　法】黄瓜、西红柿、苹果洗净后，用果汁机榨成汁；加入奶粉，调匀成糊状，敷于颈部，15分钟后用温水洗净。

土豆泥橄榄油颈膜

【原　料】中等大小土豆1个、橄榄油15毫升。

做　法 将土豆洗净后上锅蒸熟、去皮、捣泥，再加入橄榄油调匀，趁热涂抹在颈部，待冷却后用温水洗净。

珍珠粉牛奶颈膜

原　料 珍珠粉3克（药店可买到）、面粉10克、牛奶15毫升。

做　法 将珍珠粉、面粉混合，用牛奶充分调匀成糊后敷在颈部，大约15分钟后用温水洗去。

建议涂敷颈膜时最好采取躺姿，而且在头下放条大毛巾，以免颈膜滴落到衣物上。涂完颈膜后盖张柔软的面巾纸，可以防止颈膜中的水分和营养成分流失。

注：自制颈膜最好每次少做点，不要一次做得太多，以免用不完造成浪费。如果实在做多了，可用小碗装起来，封上保鲜膜放到冰箱里过两三天再用，不可放得时间太久。

4　滋润保养

洗去颈膜后的肌肤会感到特别光滑和滋润，这时再均匀擦上护颈霜或乳液，同时双手轻柔地做由下往上提拉颈部肌肉的按摩，促进营养物质快速渗透，会更增强美颈效果。

如果是夏天做完颈部护理后需外出，还要使用防晒霜，抵御紫外线的伤害，因为强烈的紫外线照射易导致肌肤色素沉着和过早老化。

注：这种颈部护理要坚持每周做1~2次。如果在参加需要化妆和穿裸露颈部肌肤衣服（如晚礼服）的活动前给面部和颈部都敷个美白滋润面膜，既可以快速滋润保湿、均匀肤色、淡化细纹，同时可帮助保持妆容的持久性。

PART 2

肩之美

自信的女人双肩总是骄傲地挺立着，让人的精神不禁为之一振。美丽是自信的基础，女人因美丽而自信，因自信而可爱。然而，美丽不是一个简单的词，"什么是美"的问题一直困扰着所有的女人。中国的女性尤其要面临"西方美"的挑战，展示出"中国美"的独有风采。具体到肩部，我们认为中国女性的美主要体现在双肩对称、曲线优美、肌肤细腻均匀富有光泽等方面，如此，美肩的诞生就是水到渠成的事了，"天下之美，尽在一肩"绝不是虚妄之言。

一 肩之美标准

在过去很长一段时间里，我们讨论双肩的美，都是从外部的服饰美说起，谈论什么样的肩配穿什么样的衣服，有意无意地把肩当做"衣服架"来看待，忽略了肩部本身的美学意义。到了今天，裸露的风尚使我们开始重视肩部的美，在这样一种环境中，我们过去对肩部的认识显得有些肤浅了，我们迫切需要一种对肩的全新认识，这成为我们确立美肩标准的前提。

① 肩的对称美

中国人对于成双成对非常偏爱，认为它是一切美好事物的组成特征。

对以双数形态出现的事物来说，最佳的造型便是对称式。对于人体而言，对称也是身体美的基本原则之一。双手、双臂、双腿等等都必须是对称的，然后才能谈得上美。双肩因为是人体的重要骨架之一，所以它的对称格外重要。不仅仅因为双肩对称起来才好看，更至关紧要的是它对女性的整体美产生全局性的影响，如果双肩不对称，那么人体的很多部分都随之而变形。

双肩的美以对称为基础，但并不总以平衡对称的形态出现，那样会显得呆板

而缺乏生气、缺少韵味。当代中国女性越来越厌弃那种一本正经的、中规中矩的美，开始追求灵动、性感、奔放的美。对于肩部，她们有意穿一些斜肩装，来造成一种肩部倾斜的感觉，这样的创意极大地扩展了肩部的美，使肩部更加富有动感，富有媚态，也显出了女人的聪明活泼，给人一种亲近感。肩部的美，应是对称与倾斜之间微妙的平衡，给人以灵动感的生气之美，倾斜感营造而成的灵动之美必须以对称之美为基础。

❷ 肩的曲线美

肩部的曲线美长期被人们忽视。事实上，肩部的曲线有其独特的魅力，它使女性的肩部更加多姿多彩，使中国女性的性感更加突出和外化。

女性的肩形多为圆润型或平滑型，肩膀显得柔嫩丰润，具有一种柔和的曲线美，所谓的溜肩和削肩都是就女性的肩部曲线说的。它不像男性的肩那样，与颈部构成的角度为直角，自身呈水平状态，女性的肩则呈一定的斜度，与颈部构成的角度比较和缓平滑，这使女性的曲线美充分体现出来。女性的平肩是不美的，它显得太平实了，没有舒缓柔和之感，因此也不具有阴柔之美。

就女性的肩部而言，曲线之美与乳房的关系密不可分。一是因为肩部与乳房构成的曲线具有动态的性感之美，另外，还在于它是乳房的导引地带，它的袒露直接让人联想到胸部的风情。最后，肩部的曲线美，不能不提到肩峰。肩峰，它本身就是包含着比喻的词汇，肩耸为峰。虽然对于女性而言，肩部并不以高耸为美，但肩峰所喻示的是女性的曲线美，只不过曲线比较和缓，不突兀、陡峭和嶙峋。

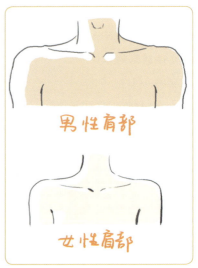

男性肩部

女性肩部

肩
之
美

xiao
zhi
mei
talking
about
shop

③ 肩的质地美

　　人们判断女性的皮肤，也往往拿肩部的皮肤作依据，因此肩的质地之美至关重要。对于女性的双肩而言，肌肤细腻均匀、白而富有新鲜光泽是它质地美的标准。中国女性的肩应以黄色为底色，在此基础上愈白愈美。单纯的白会给人一种缺乏生气的感觉。以黄色作底色，则给人一种柔和感、温馨感，更加自然。

　　肩部的美也要求肩部肌肤的丰满。假如肌肉干瘪，本来曲线玲珑的地方也会呈现出直线的、水平的状态，这是不美的。肩部肌肉的丰满与肩的瘦削并不矛盾，丰满不是肥胖，不是满肩的赘肉，而是丰腴有度，有质感，有弹性。丰满也是皮肤富有光泽的前提，而光泽感是性感的重要因素。

　　人们一般认为，健美的肩部应具备三个特点，即肩形为健壮型，左右肩部对称，肩关节活动自如。对于中国女性而言，平滑圆润型的肩是比较美的，标准的美肩要求双肩对称，稍宽微圆，略显下削，无耸肩、垂肩之感。女性的肩宽即两肩峰之间的距离一般应为胸围的一半减4厘米。

🌞**小常识**

女性肩的类型

一般来讲，女性肩形可以分为四种类型：

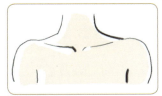

健壮型
　　三角肌轮廓清晰可见，当肩关节外展时，尤为显著。

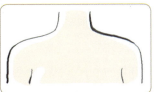

圆润型
　　肌肉及骨骼的轮廓不明显，肩部圆滑丰满。

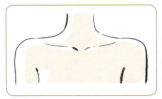

平滑型
　　骨骼轮廓清晰，肌肉轮廓隐约可见。

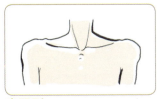

瘦弱型
　　骨骼轮廓清晰可见，缺乏皮下脂肪，当肩外展时，肌肉轮廓并不明显。

三 宽肩的拯救方略

宽肩指左右两肩距明显大于头宽的2.5倍，肩宽的女性其身材具有男性身材的特点，即倒三角形身材。

① 穿衣改善肩形

宽肩者应避免选择有太厚太大垫肩。太多肩部装饰（如灯笼袖）的衣服；如果肩过于宽且平，应多选择垂直线条裁剪或开门襟的衣服；斜肩袖（即两边肩缝向斜下呈"八"字走向）衣服值得多买几件；有修饰作用的装饰上衣可以引开人的视线，也是不错的选择。

不要再为肩膀太宽、太过魁梧而感到沮丧，只要选对衣服，不但可以把自己变得很不一样，而且还有西方美人高挑的身形效果。

妙招一 领口开阔的上衣是制胜关键。胸口较低的上衣，和脖子的线条连成一片，视觉上会有肩膀变小了的效果。尤其是大V字领口，借由V字领的视线延伸，产生视觉上的收缩，巧妙地隐藏住宽肩的缺点。

妙招二 削肩、外翻领款式也不错。削肩背心、外翻领等款式的上衣，秉持"包

不如露"的原则，让宽肩美人巧妙地将弱点变成优势，因为这类款式衣服可将整体比例拉长，使得宽肩不再是焦点。

妙招三 深色系上衣有缩肩效果。颜色当然也是不可忽略的重点，因为深色系具有收缩的效果，所以上衣挑黑、蓝等深色系列，会让宽肩的你不再觉得困扰。

妙招四 选对了颜色，花样也不能忽略。斜纹或条纹往下集中的图案设计，让肩部线条不会往外延伸。还可以挑选肩部是素色的设计，肩膀会看起来小一些。

妙招五 别致的设计转移焦点。利用衣服下摆或胸口的装饰，就可以巧妙地转移 目光焦点，例如近两年流行的裙边衣摆，可以让你在避开烦恼之余还能跟上流行。

妙招六 小饰物也可以制造V字形，可以利用垂坠项链或长领巾在颈间制造V字形，或是戴朵胸花、领章、毛毛别针，都能让人转移注意力。

妙招七 不可穿有垫肩的衣服。有垫肩的衣服当然要敬而远之，以免看来更像橄榄球选手；外套应该尽量选择质地柔软的面料，如果有垫肩，别忘了请裁缝修改。

妙招八 横条纹和花花衣要慎选。横条纹是宽肩的大忌，会加强横向的视觉效果，还是别轻易尝试；如果是复杂的圆点、花朵图案，切记符合妙招一，领口开阔的款式才不会让肩膀更显壮硕。

② 运动改善肩形

适合宽肩女性的动作：

1 举臂运动

身体站直，双手各持重物（哑铃或瓶装矿泉水皆可），手臂分别做上举、前举、侧举的动作，注意应举到与肩等高的位置。可反复练习。

2 负重耸肩

直立，双手持哑铃于体侧。1～4拍，吸气，两臂伸直，用力向后上方耸肩至最高点。5～8拍，呼气，放松还原。

3 屈肘挤背

两脚开立，上体正直，两臂前平举，拳心相对。1～4拍，吸气，两臂经体侧向后用力屈肘，向后展肩挤背，如同举起杠铃般持续10秒。5～8拍，放松还原。

长期坚持其中一项，都可消除肩部肌腱上的脂肪，同时锻炼肌肉，达到美化肩部线条的目的。

三 窄肩的拯救方略

窄肩指左右两肩宽距明显小于头宽的2.5倍，肩窄的女性多半较瘦小、纤细或高挑，或上身比较纤瘦。

① 穿衣改善肩形

窄肩者若要弥补这一弱点，理想的方法之一就是借助服装来增加上部宽度。

妙招一　可穿着一字领款式的服装。因为这样的领形会产生一条横越双肩的水平线，容易使人的视觉产生肩部增宽的感觉。

妙招二　穿着一些装有肩绊（多见于制服款）的衬衫或茄克衫也不错。

妙招三　下身的穿着应偏向较深的颜色，或者可穿全身同一色调的服装，以转移视线。

妙招四　窄肩者要特别避免穿紧身的衣服，质地不宜太软，否则会更多地暴露缺陷。

妙招五　无垫肩的衣服也不适合；可利用丝巾或披肩来修饰肩线；高领和圆领上衣能遮掩单薄的感觉。

妙招六　肩部有细褶的衣服能很好地修饰肩线。

② 运动改善肩形

人体的肩部主要有三角肌、斜方肌、冈上肌、冈下肌、大圆肌、小圆肌等肌肉。其中，三角肌分为前、中、后三束，是肩部最明显的一块肌肉，对于肩部的宽窄起着重要的作用。因此，合理地锻炼三角肌可以快速、有效地增宽肩膀，改善体形。

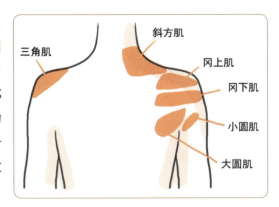

锻炼三角肌的练习主要有：

1 直臂侧平举

练习者直立，目视前方，手持哑铃双臂下垂。练习时，双手直臂经体侧上抬至水平位置。这一动作主要锻炼三角肌中束肌肉，通常做3~4组，每组做8~12次。练习时，哑铃的重量要适当，以每组只能尽力做8~12次为准。

2 直臂前平举并上举

这一练习准备动作同上。练习时，双手持哑铃直臂前平举，静止用力2~3秒钟后，双手持哑铃直臂上举。这一练习可有效地锻炼三角肌的前束肌肉，通常做3~4组，每组做8~12次。

3 杠铃颈后推

这一练习可以采用站姿或坐姿，练习者挺胸，目视前方，双手宽握杠铃，并将杠铃由颈后沿枕部上举至手臂伸直。这一动作可以全面锻炼三角肌的前、中、后三束肌肉，通常做6~8组，每组做4~6次。

四 削肩的拯救方略

削肩表现为左右两肩明显窄，而且下垂。削肩的女性大多上身瘦、薄，肩骨和胸前的肋骨均明显

凸出。古文中常形容美女体态为削肩柳腰，袅娜多姿，然而在现代，削肩却成了身材上的不足。

① 穿衣改善肩形

削肩者的肩部往往显得过于单薄，所以应避免穿质料过薄、过于贴身的衣服以及露肩的衣服；应多选择肩部或袖子有装饰的衣服；圆领、有蝴蝶结或褶皱的上衣可转移视线。可穿带有合适厚度肩衬的外套，掩饰削肩，提升肩缘高度。

② 运动改善肩形

适合削肩女性的动作：

耸肩运动 用力耸肩，肩膀尽量向后扩张并往下放松。反复练习，可锻炼肩肌，美化肩部线条。

五 垂肩的拯救方略

垂肩表现为依水平线平视左右两肩点有明显下垂的现象。无论体型胖瘦都有可能是垂肩。

① 穿衣改善肩形

垂肩者不宜选择无垫肩的衣服；窄袖、斜肩袖及合肩的衣服也不适合；避免穿开襟大、交叉设计及露肩、紧身袖衣服。如果体形瘦，可选择蓬蓬袖来掩饰。有垫肩或有褶皱的上衣，有横线条剪裁或呈倒三角形的衣服最适合；U形领衣服也较适合，能加强肩部宽度。

② 运动改善肩形

适合垂肩女性的动作：

转肩运动 耸高两肩，向后转动两次，再向前转动一次。反复练习，可消除肩部脂肪，美化肩部线条。

六 耸肩的拯救方略

耸肩表现为依水平线平视左右两肩点，稍往前倾、高起，肩骨明显且微微凸出。

① 穿衣改善肩形

耸肩者应避免穿连身袖、落肩袖及有水平剪裁线条的衣服；紧身或有太明显垫肩的衣服也不适合；避免穿肩上有饰物的上衣；避免穿横纹图案上衣。由于这种肩形其左右肩骨会略往前倾，可利用薄垫肩来修饰，有衣领的衣服

也可掩饰这个缺点；U形领及有肩带的上衣都非常适合；海军领、连帽上衣也可完美修饰耸肩。穿着应避免水平线，而强调垂直线的视觉效果，以便取得整体的均衡。宜穿一字领、交叉肩的衣服，能缓和耸起的肩线，纵的条纹能显示它的长度。此外，耸肩者由于自身原因，应避免穿高领衣服，否则会在视觉上缩小头部与肩的距离，显得脖子短。走路时，双肩放松，不要因为背包等外在原因而故意耸肩。

❷ 运动改善肩形

适合耸肩女性的动作：

伸展运动 站直后手臂向上伸直，踮起脚尖再放下。反复练习，可运动肩肌，美化肩部线条。

七 居家美肩DIY

肩部的肌肤较粗糙，需要定期去除老化角质，两周做一次为宜。

步骤1 洗澡或是泡澡后，用热毛巾热敷肩部和背部，或用热毛巾轻搓肩部和背部，使老化的角质软化且容易去除。

步骤2 再仔细抚摩肩部和背部的肌肤，在感觉粗糙的局部肌肤上均匀涂抹去角质膏或去角质油，轻轻按摩以加速去角质。

步骤3 然后使用专用刷子轻刷肩部和背部的局部肌肤，加强去除老化角质的效果。

步骤4 最后用温水清洗干净。别忘了涂抹有滋润效果的身体乳液。去除角质后的肌肤比较脆弱，所以涂抹保湿乳液为肌肤提供长久保护是必需的。

八 披肩为你添风采

传统常见的披肩主要是正方形、长方形两种基本款式。现在，时装化的三角披肩和复古的套头斗篷式披肩也非常走俏，有的用极具装饰性的带子把容易滑落的披肩固定住，有的融入上装设计中，或连帽、或在毛衣上加一个简单的"披肩套"，甚至还演变为有袖口可穿着的服饰，增强了披肩的实用性。这些创新元素无疑使披肩族的队伍更壮大了。

披肩保养小贴示

◎ 羊毛披肩一定要以干洗方式清洁，否则披肩容易缩水或者绒毛色质感产生变化。

◎ 如果你的披肩属于真丝或丝绸等材质，同样也必须以干洗的方式处理。

◎ 珠花刺绣类的披肩，由于是手工制作，加上珠花本身属脆弱材质，即使披肩是人造纤维材质也千万不可以丢入洗衣机洗，因为经过滚筒搅拌后珠花容易断裂或钩纱，从而破坏了整件披肩的设计。

◎ 由于高级羊毛或珠花刺绣的披肩价格很高，并且大多为手工制作，在收纳时需特别小心，建议用透明塑胶袋或者购买皮包附赠的绒布袋装好，再放入抽屉，这样可避免开抽屉时不小心钩纱或破坏珠花。

◎ 披肩最好不要与衣物放置在一起，应分开分类收藏，以免披肩上的珠花钩坏衣服，或羊毛披肩被衣服上的拉链或纽扣钩坏。

想要让披肩收纳空间减小，可以将羊毛披肩卷成寿司形。一卷一卷地放入抽屉中，这样就不会浪费太多的空间，也不会造成展开披肩时上面有许多折痕。

◎ 翻翻家中是否有赠品袋（尤其是化妆品公司的特价包或化妆包）。这种袋子最适合放置披肩类的配饰，可直接收纳于衣柜内。珠花类披肩如果用折叠方式收藏时，可以将珠花部分朝内面，以免缀珠部分因开关抽屉或推拉衣柜门时造成损伤。

如何选择披肩

色彩的选择	最好先看看自己的衣柜，哪些颜色的衣服居多，再挑选一种与之"对比"的颜色来做披肩。如果你的衣服颜色实在太过驳杂，就要尽量挑选大地色系，如驼色、枣红色、棕色等，基本上，大地色系跟大部分的冷、暖色系都能够搭配。
面料的选择	越复杂的织法越会影响面料本身的特性，所以越好的面料织法就会越简约，好的质料通常以斜纹、十字或纱螺织法最常见。
工艺的选择	通过披肩上的珠花刺绣可分辨出品质好坏。如果珠花每一针的间距不十分平均，末端还有线头，说明这是一条手工缝制的珠花披肩。通常，珠花越多表示制作过程越复杂，价格越高。

九 五个细节让肩露得更美

古人用香肩玉臂来形容韵味十足的女人，现代女性的表现欲更强，裸背装、吊带衫以及那些让肌肤若隐若现的洞洞衫，把洁净如雪的香肩玉臂暴露无遗，撩人的风情把女性点缀得多姿多彩、活色生香。

相对于女性颈部和手部，肩部的装饰似乎欠缺了些。不过，肩部的装饰之至美正在于它不依赖装饰，而自有风韵。肩部的美在于袒露丰润亮泽的肌肤、对称优美的曲线，装饰物反而是一种遮蔽。以下是日常生活中的五个细节，可以让你的肩露得更美。

① 选双好鞋，塑造健美肩膀

年轻女孩大都喜欢穿高跟鞋，且为了使自己的脚看起来小一些，还爱买小号鞋穿，这样一来，脚可受苦了。脚被称为第二心脏，对全身的血液循环起着重要的作用，如果穿了一双小得走起路来脚都发疼的鞋子，就会导致足部受压，血液循环不良，最终影响上半身的血液循环，成为肩膀酸痛的一个原因。

鞋跟太高或是左右鞋跟不一样高也不行。高跟鞋鞋跟高度在2～3厘米最为适宜。过高则使人体重心过分前移，身体的重量过多地移到前脚掌，使脚趾受挤压影响血液循环，行走时会改变正常体态，腰部过分挺直，臀部凸出，还会加大骨盆的前倾度。若鞋跟左右高度不一致就会导致骨盆歪曲，当歪曲发展到颈椎时，就会发生肩部、颈部酸痛等症状。所以，被肩膀酸痛所烦扰的人，先看看你经常穿的鞋子的大小和鞋跟高度是否合适。

② 日常养护美肩

想要拥有人人称羡的肩部，日常的清洁与保养是绝对少不了的。美丽的肩膀，不但要有型，还得肌肤水嫩光滑，在这方面，橄榄油可是有大用途。下面就是橄榄油的两种用法：

美白肩部皮肤

> **方　　法** 细砂糖一勺，橄榄油两勺，混合后敷于干净的肩部，轻轻按摩，每周3次。砂糖颗粒的按摩作用与橄榄油的锁水收敛作用可使毛孔缩小，色素沉着变淡。

抵抗肩部衰老

> **方　　法** 将适量橄榄油放进玻璃小碗，用微波炉低档加热2分钟左右，按2∶1的比例缓缓注入洋槐蜜或椴树蜜（两份橄榄油加一份蜂蜜），趁热把纱布浸于油中后覆于肩部敷20分钟，能让肩部皮肤细腻。

此外，骑车女性尤其应注意肩部皮肤护理。在涂抹防晒霜的基础上，出门前还要全副武装，披肩、太阳镜、遮阳帽，一样都不能少。

❸　妆点肩部无瑕肤质

若想以最快、最有效率的方式拥有完美的肩部风采，上些蜜粉会是较不费力气的选择。若有斑点，可先使用粉底，再以蜜粉定妆。至于肤色不均的问题，则可以使用防晒产品来改善。若是想在夜晚或聚会上制造炫丽效果，不妨使用些身体亮粉，会让整体造型增色不少。

步骤一 将高光粉均匀涂抹在肩膀部位，能够使胳膊显得更纤细。

步骤二 用高光粉在锁骨向下1厘米处均匀涂抹，会衬托出你的美丽锁骨。不过切勿使用过多亮粉，否则会让人误以为是一道荧光墙。

❹　特色衣饰为美肩增色

露出单肩去赴晚会或约会，传达的信息是天真俏皮多于性感，还有那么一点点前卫和不羁。经典的单肩连衣裙是最好搭配的，时下流行的几何图案是不错的选择，一件在身，颇有淑女风范。如果你只有一件单肩的短装，可以拿来配中裙或者是低腰的裙子。而牛仔裤也真是百搭，拿它来配单肩衫，非常酷。单肩衫可以选用棉、麻等质地的衣服，穿出艺术气息，也可以选择绣花、镂空等贵族味浓浓的面料，千变万化，就看你的喜欢了。

其实，肩之美，于女人大有文章可做。可以在上面贴上闪亮的金箔，闪闪的金光迷乱人眼。在滑腻的香肩上披上一条长长的围巾，围巾可以遮住双肩，也可以只遮一肩，两者各呈风流，前者雍容华贵，后者妩媚动人。心细的女孩在修长的手臂上套上臂饰，更衬得浑圆的双肩光彩夺目。

⑤ 指压自塑诱人香肩

精油可以镇定精神，消除神经紧张及压力感，缓和焦躁不安的情绪。根据自身的情况选择一款适合的精油并且配合正确的穴位按摩，可以疏通经络，增强血液循环，改善局部肌体疲劳的状况。买精油时可请美容师或专业售卖者帮忙推荐。

按摩方法 拇指指面按压，或用食指、中指做圈状按摩。

功 效 舒缓颈肩部酸痛、背部疼痛、上肢酸麻等症状。加强血液循环，改善新陈代谢，从而促进肌体的自然抗病能力，缓解肌肉痉挛和疼痛。

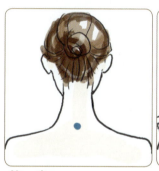  

第一步

　　按摩肩井穴。此穴位于后颈根部与肩峰之间的中央部位。

第二步

　　用中指和无名指从肩部开始到耳根，打圈按摩。

第三步

　　四指并拢置于肩后，大拇指置于肩前。大拇指从锁骨到肩部打圈按摩。

✚ 打造美背招招看

　　如果说露肩是婉约的性感，那么露背就是比较豪放的性感。女性理想的背部应该是：皮肤光滑细腻，无痘痘、疤痕等瑕疵，脊椎笔直、无肥厚赘肉。但事实上很多女人的背都难达到这一标准。

　　如今的时尚露背装和各种晚礼服都需要有优美的背部曲线和光洁的背部肌肤作为穿着前提，如果背部肌肤粗糙、痘痘遍布、赘肉横生，这无疑会大煞背部"风景"。下面这些方法可以帮助我们从多方面对背部进行美化。

❶ 背部肌肤护理

■ 彻底清洁

　　背部的皮脂腺分泌比较旺盛，容易造成老化角质堆积，又因为手不容易直接够着，皮肤表面的油脂污物就比较难清除，如果清洁不彻底，容易堵塞皮肤毛孔，导致角质层变厚，长痘。因此，彻底清洁背部肌肤很必要。清洁方法为：

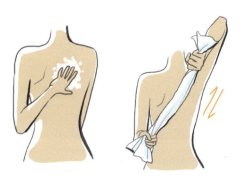

　　洗澡时用沐浴乳或香皂浸润肌肤、冲去泡沫后，将一只手向背后弯曲，往另一侧肩的方向伸，尽量伸长手臂去搓擦皮肤表面的污垢和油脂，然后换另一侧进行。这样做虽然有些费力，但好处是既可彻底清洁背部肌肤，同时又锻炼到手肘

和肩部关节，一举两得。

如果觉得这样实在费劲，也可借助柔软的带有长柄的丝瓜络或海绵帮助去除背部老化角质，或用长的搓澡巾帮助搓擦，方法是：一手持丝瓜络或搓澡巾向背部弯曲，另一手从肩膀上拉搓澡巾的另一端，上下来回搓，然后换另一侧进行。

也可用身体去角质产品帮忙清除背部堆积的老化角质。屈臣氏里这类身体清洁用品比较多。

■ 敷膜

选择适合自己肤质的身体膜，均匀地涂抹于背部，停留15～20分钟后清洁干净，可以起到深层清洁、收缩毛孔、控制水油平衡、提亮肤色等作用。

■ 美白滋润

冲洗干净后，涂抹些有补水美白功效的滋润产品补充背部肌肤营养，锁住背部肌肤水分，进行滋润和美白。

注：背部肌肤保养可每周进行1～2次。如果背部皮肤因受到紫外线强烈照射而变黑或晒伤，可以到美容院做专业背部晒后修复护理，帮助背部皮肤及时得到修复，恢复白皙和光泽。

若背部长痘比较严重，美容院的背部泥疗敷裹护理很有效果，那种身体用的海泥膜具有消炎保湿、深层洁肤、消痘、淡化印痕及美白等功效。

另外，美容院的其他美背项目如热石按摩、背部刮痧、点穴等，也可以帮助我们获得光滑细致的背部肌肤，尤其是一些美体仪器的运用，在养护背部肌肤的同时还可帮助塑造曲线。

❷ 锻炼打造背部曲线

挺拔和无赘肉是衡量背部曲线优美的重要标准，锻炼是保持背部曲线优美的重要方式，这里介绍两招锻炼背部曲线的简单方法，在家就可进行，能有效拉伸和锻炼背部肌肉，美化背部曲线，有效又实用。

准 备 健身球一个（健身器材店和网上商店有卖，售价大概七、八十元）

1 球滚背部

做 法 坐于健身球上，双脚分开，双腿缓慢向前平移，上身以球体为支撑慢慢向后仰躺，让球在身体下从臀部开始慢慢向背部上半部滚动，一直移动到颈部为止。注意做时臀部要保持与地面平行，膝部与身体成90度角，并尽量伸展开双臂，拉伸背肌。保持这个姿势，呼吸5~10次。然后将手放回球上，缓慢地移动双脚，直到恢复到开始的坐姿。

2 趴球伸展

做 法 跪姿，球放于大腿前，上身趴在健身球上，双手向前伸展，带动拉伸背部肌肉。注意动作要舒缓，保持平衡。

除了锻炼外，日常生活中的一些好习惯也可以帮助塑造背部曲线，比如：

平时工作或学习时，尽量采取背部挺直的坐姿，不要弯腰驼背。

工作或学习中每隔半小时就起来站直身体，将双手置于后腰上，向后倾身，预防不自觉性驼背。

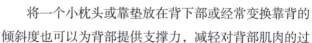

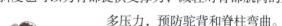

将一个小枕头或靠垫放在背下部或经常变换靠背的倾斜度也可以为背部提供支撑力，减轻对背部肌肉的过多压力，预防驼背和脊柱弯曲。

行走或站立时保持背部挺直。

多吃低脂肪、富钙质的食物，中老年女性尤其应如此，如果钙补充不足，容易引起骨质疏松，导致脊柱骨折和背部疼痛，而摄取足够的钙质可保证腰背骨骼硬度。

③ 巧穿露背装

时下流行的露背装的确能增添女人的性感指数，但并不是每位女性都能穿出露背装的韵味和惊艳效果来，也并不是所有女性都适合穿露背装。

■ 不适合穿露背装者

第一类　虎背熊腰型（苹果型）

`原　因` 这类人往往上半身较胖，胸部发育丰满，而腿纤细，穿露背装只会更显得背厚腰圆，要表现性感的话更适合穿低胸装。

第二类　骨架大的人

NO　　　yes　　　　NO　　　yes

`原　因` 骨架大者往往整个人看起来比较壮，背部的肉比较厚，露背装会暴露这一缺点，不如低胸装更适合。

第三类　有婴儿肥的人

NO　　　yes　　　　NO　　　yes

`理　由` 有的人虽然看似不胖，骨架也不大，身材或许也很有"S"形曲线，但多由于身材呈圆筒形显得肉嘟嘟的，穿露背装很容易给人肉肉的感觉，也不如穿低胸装更能突出身材优点。

第四类　超级瘦削的人

理　由 太过瘦削、背部骨骼分布走向都能看得见的人也不适合穿露背装，否则更给人"排骨"感，可以多穿短裙或短裤露腿，因为瘦的女性其腿部线条通常比较优美。

除此之外，其他女性都可借露背装来"秀"自己的美背。不过，一定要注意露背装的选择和穿法。

■ 露背装的选择和穿着要点

要点1　注意选搭合适的文胸

目前市面上比较流行的无带文胸就很适合搭配露背装。另外还有专为露背装设计的"低后围式"胸衣，后围比普通胸衣至少低5厘米，不过，如果露背装背后开口过低的话它就不适合。当然，如果对胸部有足够信心，直接使用胸贴也是很好的选择。

要点2　根据身材选款式

不同身材的人所适合的露背装款式有所不同，比如：

比较瘦削的骨感身材可以选择后背有绳索的系带款式，因为绳带多一点可以转移人的视线，掩饰过分的清瘦；

肩胛骨较突出者可选择后背开口为一字形和圆弧形的款式，可以起到遮掩作用；

身材较丰腴的女性最好选择无肩带款式，使颈、肩、背曲

线浑然一体，同时防止勾勒出后背上的赘肉；

腰较粗、脂肪较多的人要选择后背开口至少高于腰线15厘米的款式，可以避免暴露腰部堆积的脂肪，尤其是后开口简洁的V字形裁剪还能让身材显得更修长。

要点3　根据场合选面料

　　如果是平常穿露背装，最好选择纯棉或具有悬垂和飘逸感的混纺纱等面料，至于丝、缎面料的露背礼服，如果不是参加隆重的活动，则最好避免，否则给人以穿着睡衣似的不合时宜的感觉。不要选择不透气的腈纶或容易变得僵硬的布料。

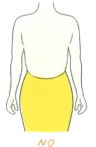

要点4　根据年龄选款式

　　深 V 轮廓T恤、前卫的 X 形交叉背心、颈口有抽绳、抓褶或蕾丝等设计元素的露背系带背心、简单的吊带背心等活泼型露背款式大多适合花季少女，华丽性感设计的礼服类露背装则更适合成熟女性。

　　注：不要轻易尝试背部有横向感设计的露背装，那样容易把人的视线往横里拉，即使背部没什么肉，也会显得背部比较壮。也不要轻易选择那种毫不含蓄地裸露整个背部的款式，那只会给人突兀感。

要点5　注意与鞋的搭配

　　穿连身露背裙装时最好搭配一双漂亮的高跟细带凉鞋。

　　穿单件的休闲款露背上装时，由于下装可选择的余地大，如九分裤、工装裤或运动短裙都能搭配，因此，鞋子可选择休闲类的，如平底凉鞋或简单的运动鞋等。

PART 3

胸之美

一 胸之美标准

胸部美是女性体态美的重要组成部分，决定了上半身的轮廓和曲线，丰满挺拔而富有弹性的乳房能显示女性性感的魅力。

什么样的乳房才算美呢？一般要从形态、大小、挺拔程度、对称度、位置高低、两乳间的间距大小、乳头的大小、皮肤光泽和弹性、乳晕的面积及颜色等方面来加以衡量。我国美容专家认为，中国年轻女性的乳房美标准主要包括乳房的部位美、乳房的形态美及乳房的皮肤美三个要素。

① 乳房的部位美

适中的乳房位置应在第二至第六肋骨间，内界为胸骨旁线，外界为腋前线。乳头位于第四肋骨间。

🔍 链 接 **interlinkage**

乳头的位置在乳房美中有着重要作用。它的位置随年龄而变化，我国年轻女性的乳头多位于第五肋骨间，锁骨中线外1厘米处；中年女性乳头多位于第六肋骨间，锁骨中线外1~2厘米处。乳头与奇妙的黄金分割率有着密切的联系，即乳头连线应是锁骨平面至双腹肌沟中点平面的黄金分割线，乳头处于黄金分割线上，这种乳房的位置最完美。乳房的这种生长位置也是很符合中国人中庸之道的美学观点的，因为中国人传统的审美观多重视中正平和之美，而长在这个位置的乳房让人觉得恰到好处。

② 乳房的形态美

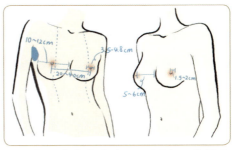

从形态上看，美的乳房应该是：浑圆结实、丰满挺拔；形似半球或小圆锥状；柔韧而富有弹性；两侧乳房大小、形状及位置均对称一致；大小及两乳间的距离适中（与女性自己的身材成比例），乳房基底直径为10～12厘米，乳房高度为5～6厘米，乳晕直径为3.5～4.8厘米；乳头状如桑葚，呈圆柱状突出于乳房表面，且高于乳晕平面1.5～2厘米，略向外翻，两乳头距离为20～40厘米，乳头到胸骨中线的距离为10～13厘米。

此外，对于未婚少女，以圆锥形乳房为美；对于已婚妇女，则以半球形乳房为美。

③ 乳房的皮肤美

乳房皮肤应光洁有弹性，与全身的肤色相一致，乳头呈粉红色或者玫瑰红色，乳晕颜色与乳头颜色一致。

未婚女性的乳头和乳晕多呈棕红色，少数呈粉红色或者玫瑰红色，已婚女性则呈现出棕褐色或者深褐色。

由于西方人的营养结构和身体素质与中国人不同，西方女性的胸部明显要比中国女性的丰满，中国女性切不可忽视自身的特点而盲目追风。中国女性的乳房应具有传统的蕴藉含蓄之美，乳房以丰满、健美、柔韧、大小适中为美。

专家提示

三 认识你的胸形

① 乳房的形态类型

　　根据形态的不同，女性乳房可以分为四种：圆盘（碗）形、半球形、圆锥形和下垂形。

圆盘（碗）形　乳房高度（向前凸起的程度）为2～3厘米，小于乳房基底围（乳房内、外侧之间的距离）半径，乳房稍有隆起，其形态像一个翻扣的盘子或碗，比较平坦，胸围环差（即以乳头为隆起点环绕身体一周测得的胸围与乳房下胸围的差）约12厘米，看上去不算丰满，着衣时难见乳房形迹。大约有15%的女性都是圆盘形乳房，多见于青春发育初期的女性。

半球形　乳房高度等于乳房基底围半径，为4～6厘米，胸围环差约14厘米，属较美观的乳房，着衣时可见到乳房形迹。其形态像半球形，乳房浑圆、丰满。对于中国女性而言，这是形态最美的乳房，青年女性中有半球形乳房的人约占50%。

圆锥形　乳房高度大于乳房基底围半径，为6～7厘米，胸围环差约16厘米，乳房与胸壁形成的角度小于90°，乳峰前突且微微上翘，无论着何种服装，都能显示出它的丰腴感。

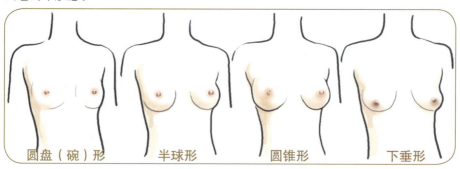

圆盘（碗）形　　　半球形　　　圆锥形　　　下垂形

下垂形 乳房高度更高，但呈下垂形态。

从医学美学与美容观点看，前三种乳房是正常的、健美的。具体来讲，以一个身高160厘米、中等身材的女性为例，如果乳房的基底面直径为10~12厘米、乳房高度（从基底面至乳头的距离）为5~6厘米、环差为17~20厘米，两个乳头与胸骨切迹成一个等边三角形，这样的乳房就是最美的。

❷ 乳房的形态缺陷

不是每个女性的乳房都发育良好，有的天生发育不良，有的发育过度，即使是发育良好的乳房，也会因地球引力的影响而过早出现下垂松弛现象（越是发育良好的乳房越容易如此）。比较常见的形态上有缺陷、可以通过保养及美容整形等手段进行矫形的问题乳房有以下几种：

肥大型

成　因 少女时期乳房发育过度；产后乳房组织因增生而肥大；肥胖患者因脂肪增生所致。

下垂型

成　因 减肥后因脂肪组织减少、皮肤松弛所致；老年后因皮肤、支持组织、脂肪和腺体都明显萎缩所致。

发育不良型

成　因 受遗传、营养、精神等因素影响，青春期发育欠佳，乳房出现过小或扁平或两侧大小不一样、过于塌陷等情况，使胸部形态失去正常起伏的曲线轮廓，缺乏女性特有的曲线美及魅力。

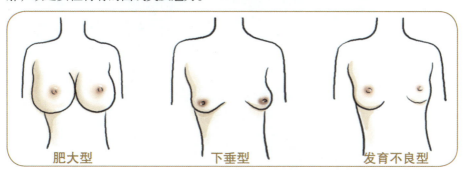

肥大型　　　　下垂型　　　　发育不良型

三 美胸进行时

　　如果不注意保养和维护，女性乳房的美很容易消逝，因为它不可避免地会受年龄、妊娠、哺乳或疾病等多方面因素影响而发生形态上的变化，出现松弛、下垂、萎缩等问题。因此，要想维持乳房的美感，必须注重平时的保养，这包括专业美胸护理、锻炼、食物、选择适宜的文胸等几个方面。此外，还可以通过巧妙着装来美化胸部曲线。

① 专业美胸护理

　　美容院的专业美胸护理多是采用具有丰胸功效的精油、健胸霜等专用产品，配合手工或仪器按摩及穴位指压，刺激胸部皮肤组织和穴位，促进血液循环，紧实胸部肌肤，增强弹性，丰胸或改善乳房萎缩及下垂松弛的状况，重塑胸部曲线。专业美胸护理一般包括清洁、按摩和敷膜三大基本步骤。这种护理常常要结合女性生理周期来安排，并配合相应的饮食。现在很多大型高档的美容院都配有

营养师，护理服务变得科学和更加人性化，这种做法在国外已很流行。通过专业的护理保养，既有助于美化胸部线条，对抗地心引力，防止乳房过早松弛下垂或萎缩，还能增进乳房健康，预防

乳房疾病。

此外，也可到专业的中医医院进行针灸丰胸。根据中医学原理，针灸能刺激腺体和内分泌，促使脑垂体释放激素，作用于卵巢，反馈性激活乳腺细胞，促进乳房发育，同时也把血液引流到胸部，给乳腺输送营养，以达丰胸功效。

❷ 居家自我美胸DIY

在做专业护理的同时，如果再配合做些日常保养，则美胸效果更好。日常保养包括：

1 沐浴水疗按摩

每次沐浴时将莲蓬头的水流从下往上冲洒胸部至少 1 分钟，水温不能过高，以27℃左右为宜；也可交替用温水和冷水由下往上冲洗，短时间的低温刺激，能提高乳房组织张力，促进其生长，还能让乳晕颜色及乳房形状变得更加漂亮。

2 每次洗澡后，坚持用精油或植物型健胸霜对乳房进行 5 ～ 10分钟的按摩，之后再涂抹保养品。自我按摩方法如下：

直推 用右手掌面在左侧乳房上的锁骨下方着力，均匀柔和地向下直推至乳房根部，再向上沿原路线推回，做20～50次后，换左手按摩右乳房。

侧推 用左手掌根和掌面向胸正中着力，横向推按右侧乳房直至腋下，返回时五指指面连同乳房组织回带，反复推20～50次后，换右手按摩左乳房。

托推 右手托扶右侧乳房的底部，左手放右乳上部与右手相对，两手向乳头推摩20～50次。若乳头下陷，可在按摩同时用手指将乳头向外牵拉数次。

提拉 把双手放在腋下，沿着乳房外围做圆形按摩，再以双手从乳房下面分别向上提拉，直到锁骨位置，然后再用两手掌轻轻抓住两边乳房，向上微微拉引，但别捏得太用力。重复8～10次。

按压 双手张开，分别由乳沟处往下平行按压，一直到乳房外围，圈住整个乳房周围组织做环绕打圈按摩。重复20次。

绕圈 从乳房中心开始绕圈，往上直到锁骨处；再从乳房外缘开始，以画小圈方式做螺旋状按摩。重复8～10次。

以上按摩动作具体可参照下列图示：

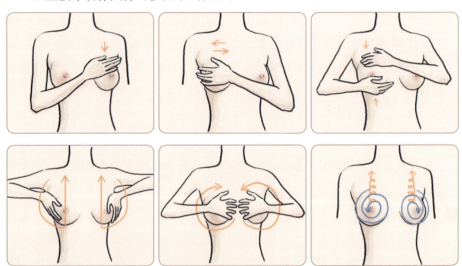

3 每日清晨或夜晚做 3 ~ 5 分钟腹式深呼吸

盘腿端坐，两脚底并拢，两膝尽量向下；上半身尽量向上伸展，两臂尽量向上伸直；用鼻吸气，控制双肩不上抬，充分扩展胸廓，同时上半身前倾，腹部尽量下压；上半身倾至最大限度，屏住呼吸；等到憋不住气时，边用嘴吐气边抬起上半身，两臂不要用力。起身呼吸5次稍做调整后，重复此动作5 ~ 10次。呼吸过程中可以舒展上腹部，但小腹一定要收紧。呼吸节奏适中，不宜过快或过慢。

这种腹式呼吸方法不仅能供给充足的氧气，有效缓解疲劳，更有意想不到的丰胸效果。有实验证实，进行此呼吸练习3个月后，练习者胸部有所增大，同时腰部变瘦。

4 多进行积极的自我心理暗示

即所谓催眠丰胸，以"我的胸部正变得越来越丰满、越来越挺拔"这类积极的想法来进行心理暗示。

心理学家强调，乳房大小与形态直接"刻录"着女人心理成长的痕迹，在很多情况下，乳房的生长发育情况还取决于大脑对它的暗示，这种暗示与乳房的密切关系远远超出我们的想象。

勤按摩对丰满胸部大有好处。中医认为，丰胸的要旨是使胸部气血充盈，气血充盈则有利于乳房生长发育，体内气血由脾胃消化的食物生成，乳房是胃部经络经过的地方，乳头属于肝经，性腺属于肾经，要丰满胸部，就要想办法从调理胃、肝、肾三经之气着手，让更多的气血进入到三条经脉，才能达到丰胸而不是增肥的目的。所以从中医理论来看，丰胸的原则就是全身性调理脾胃，生化气血，局部重点充实肝胆经脉，两相结合，才能取得良好的效果，而通过胸部按摩可以把血液充盈到胃、肝、肾三条经脉，让胸部得到最好的营养，从而丰盈起来。试验也证明，坚持每次洗澡后及每天早上起床前、晚上睡觉前，用双手按摩乳房10分钟，一个月后即会出现明显效果。最好是在身体仰卧情形下进行。

❸ 食疗丰胸妙方

中医认为乳房与经络、脏腑关系密切，根据《黄帝内经》中的记载以及历代医家的多种论述，概括归纳起来，对乳房影响最大的是肝、肾、脾功能。乳房发育时，先天肾气必须旺盛，同时要脾壮肝强，则乳房可以丰硕饱满。而不同的食物对脏腑的滋养功效是不一样的，各有侧重，如果多吃些属性为肝经和胃经的食物，从膳食上调理，引导营养进入与胸部发育息息相关的经脉，则可以达到丰满胸部的效果。

1 丰胸食材推荐

高蛋白质类 保持乳房的丰满离不开高蛋白食物，如鱼、肉和乳制品等，又以鱼类为佳，尤其是泥鳅、黄鱼、带鱼等，还有海参、鱿鱼、甲鱼、虾、贝类等，它们所含的锌是制造荷尔蒙的重要元素。此外，牛肉、牛奶、蛋、豆制品类也是高蛋白食物。

新鲜蔬果类　多吃富含维生素的食物，如新鲜蔬菜、水果等。维生素 A（胡萝卜、木瓜等）有利于雌激素分泌；维生素 B 群（五谷杂粮等）有助于雌激素的合成；维生素 E（豆类、葵花籽油等）可促进和完善卵巢发育，增加雌激素分泌量，刺激乳房发育，防止胸部变形。

坚果类　如松子、葵花子、花生、核桃、腰果、杏仁等都是有效的健胸食品。

富含胶质类　如猪尾、凤爪、猪蹄、蹄筋、海参等都是富含胶质、能促进胸部二度发育的食物。

2　丰胸食谱推荐

山药+青笋+鸡肝

成效分析 山药是中医推崇的补虚佳品，富含黏蛋白，具有健脾利肾、补精利气的作用；鸡肝是补血的首选食品；青笋则是传统的丰胸蔬菜。三者合用，可以调养气血，促进胸部营养的供应。

做　法 山药、青笋去皮，切成条，鸡肝洗净，切片待用。全部原料分别用沸水淖一下。锅内放底油，加适量高汤，调味后放入原料，翻炒数下，勾芡后即可。

木瓜+红枣+莲子

成效分析 中医认为木瓜味甘性平，能消食健胃、滋补催乳，还对消化不良者具有食疗作用；红枣是调节内分泌、补血养颜

小常识

丰胸食物"标兵"

下面这些富含维生素B群和维生素C的食物算得上丰胸食材中的"标兵"，不妨注意多摄取：

黑豆、红豆、绿豆、花生、莲子、葵花子。

南瓜、丝瓜、芋头、马铃薯、木瓜、柑橘、番石榴、番茄。

洋葱、花椰菜、橄榄菜、芹菜、韭菜、菠菜、牛蒡。

牛奶、乳酪、牡蛎、猪蹄、猪肝。

鱼、蛋、芝麻、核桃。

的传统食品；配上莲子，可以调经益气、滋补身体。

做 法 红枣、莲子加适量冰糖，煮熟待用。木瓜剖开去籽，放入红枣、莲子、蜂蜜，上笼蒸透即可。

核桃+松仁+玉米

成效分析 核桃和松仁是经典的健胸保健食物，可以促进胸部发育，延缓乳房衰老松弛；玉米富含维生素E，也是专家推崇的健胸食物。

做 法 核桃仁、松仁用油炸熟。将核桃仁切块，和松仁、玉米勾芡同炒，放适量冰糖、盐和味精即可。

青木瓜+排骨

成效分析 木瓜自古就是第一丰胸水果，很多演艺界的明星都食用它来美胸，因为其中含量丰富的木瓜酵素和维生素A能刺激女性荷尔蒙分泌，有助胸部丰满。木瓜酵素还可分解蛋白质，促进身体对蛋白质的吸收，搭配肉类食用，效果最佳。注意木瓜要青的比较好，因为所含酵素相对多些。

做 法 青木瓜去皮、去籽、切块，排骨切块，用热水烫一下去腥。锅中水煮滚，将排骨、木瓜、葱、姜、料酒放入，用小火炖煮3小时，撒入精盐调味食用。特别提醒，新鲜木瓜冬天时略带苦味，是正常现象，可安心食用。

酪梨+鲜奶+核桃

成效分析 酪梨中所富含的不饱和脂肪酸能增加胸部组织弹性，含有的维生素A

能促进女性荷尔蒙分泌，维生素C能防止胸部变形，维生素E则有助胸部发育；鲜奶和核桃中含有的蛋白质和脂质能增进乳房海绵体膨胀，也有丰胸功效。台湾第一美女萧蔷就经常饮用这种酪梨汁，其丰胸效果有目共睹。

做　法 酪梨半个，挖出果肉，加鲜奶250毫升、核桃适量，搅打成汁饮用，可用蜂蜜调味。

酒酿（醪糟）+蛋（或汤圆）

成效分析 许多营养师都认同酒酿（醪糟）的丰胸功效，因为它含有能促进女性胸部组织再生的天然荷尔蒙，其酒精成分也有助于改善胸部血液循环。

做　法 醪糟加水适量，煮开后放鸡蛋或汤圆，制成醪糟蛋或醪糟汤圆。月经来潮前早晚食用一次，效果更佳。

花生+红枣+黄芪

成效分析 这道流传至今的清宫御用药膳，传说是太医特别为慈禧研制的丰胸秘方。现代营养学家分析认为，花生含有丰富的蛋白质及油脂，红枣能生津、调节内分泌，黄芪行气活血，三者搭配能使胸部再度发育，同时还能温暖子宫，提高

🔍 **链　接　interlinkage**

中药食疗药方

四物汤

成分　当归、川芎、白芍、地黄。

效用　促进卵巢及子宫功能，滋阴效果好。在每次月经结束后食用功效更大。

六君子汤

成分　陈皮、半夏、人参、白术、茯苓、甘草等。

效用　促进胸部发育，在月经期之外，平时也可以熬来喝。

🔍 **链　接　interlinkage**

　　事实证明，美国居民每人每日的脂肪摄入量是中国人的2.5倍，其乳腺癌发病率是亚、非、拉美地区的4倍；而日本人吃鱼和含维生素D的食物较多，乳腺癌的发病率也最低。因此，应该注意控制脂肪的摄入量。此外，也不要食用过量甜食，因为长期进食高糖类甜食，会令血液中的胰岛素含量增高，而胰岛素正有助于乳癌细胞的生长。

受孕率。

做　法 花生100克、去核红枣100克、黄芪20克，熬粥，经期后连食7天。

此外，黑豆花生汤、猪蹄炖花生、炖乌骨鸡汤、枸杞红枣炖鸡蛋也是很好的丰胸食物。

注：以上推荐的丰胸食材和食谱都是针对健康女性而言的，对于患有某些妇科疾病如乳腺疾病、生殖系统疾病的女性，还应咨询医生哪些食物应该避免。要提醒的是，豆类、大枣、海藻类、酸奶制品、红皮水果及蔬菜、食用菌类等食物对乳腺病患者特别有益；但这类女性不宜食用含有过多动物性雌激素的食材，如蜂王浆、蜂花粉等。

专家提示

女性乳房的生长发育状况与长期的饮食结构和习惯有密切关系，西方女性的乳房多发育良好，即使人很瘦，胸部也较为丰满，这不仅与种族因素有关，也与饮食结构有关。节食减肥过的女性多有这样的感受——节食期间，形体消瘦的同时，胸部尺寸也"缩水"了，因此，饮食合理与否关系着你的胸部曲线，即使是节食减肥也不要过度，每日应保证摄取足量的新鲜蔬果及低脂食物。

④ 锻炼美胸方略

要获得挺拔、具有弹性的乳房，必须加强对胸肌的锻炼。下面这些运动都有助于锻炼胸肌。

1 俯卧撑

招数详解 俯卧在床上或地板上，身体放正直，双手支撑身体时收腹挺胸，双臂与床或地面成90度角；卧低时胳膊弯曲，除脚外身体不能着床或地面，如此做十几次，以后渐次增加。

成效分析 虽然这个动作相当累人，但它已经被公认为最有效的丰胸运动。只要养成每天做的习惯，不但能丰胸，锻炼胸部肌群，还能缩小腹部。实际上做俯卧撑本身并不能使乳房增大，因为乳房里并无肌肉，但通过锻炼能使乳房下胸肌增长，胸肌的增大会使乳房突出，看起来胸部就变得丰满了，而且乳房弹性确实会有所增加。

2 游泳

招数详解 练习蝶泳和自由泳。

成效分析 游泳除了对肺部和保持健美身材有益外，对乳房的健美最有帮助，尤其是蝶泳和自由泳，这两种泳姿最易使胸部肌肉强韧，并使乳房丰满。

3 哑铃扩胸操

招数详解 仰卧于长凳上，两手拳心相对，持哑铃内收至胸前，然后两臂向两侧外展，动作应缓和，哑铃向胸前内收时吸气，向两侧外展时呼气，来回数十次；两腿分开，双手握紧哑铃，上半身向前，而背部和颈部保持挺直，把哑铃上、下抬举到胸前，抬起时吸气，放下时呼气。

成效分析 扩胸操有利于胸肌发达从而健美乳房。

4 伸展动作

招数详解 身体站直，举起右手，向上伸直，右脚向下伸展，持续5秒钟之后，换左手左脚伸展，将身体尽量伸直，每

个动作重复8~10次；伸出手臂与肩齐，向前向后划大圈；手掌向下，手肘向前伸直，做前后摆动。

成效分析 可锻炼胸部韧带，使胸部更加挺拔。

5 夹书丰胸

招数详解 在两腋下夹书，双手往前抬至平举，坚持到手臂发酸或书掉落为止，每日多次练习。书的厚度因人而异，以不感到难受为宜。

成效分析 腋下夹书，双手前举时迫使人挺腰、挺胸，有助于锻炼胸肌、挺拔胸部。

丰胸最好结合生理周期进行

　　利用月经周期中女性体内激素变化的规律，配合饮食和运动，丰胸的效果最佳。专家认为，对于生理周期正常（约28天）的女性来说，影响胸部发育的关键期是第11~13天（月经来潮的当天算第一天），这3天也是丰胸的最佳时期，次佳期是第18~24天。因为在这10天当中，影响胸部丰满度的卵巢激素24小时等量分泌，是激发乳房脂肪增厚的最佳丰胸时期。如果在这10天时间内多做胸部按摩和运动、多吃有丰胸功效的食物，就能取得更好的丰胸效果。这种方法对月经期规律的女性特别有效。

　　对于生理周期不正常（经期不准或有痛经等问题）的女性，通过服用中药来调理月经，可以收到间接丰胸的效果。中医认为，月经不调与肝郁、脾虚、气滞血淤有关，肝郁引起的内分泌紊乱、脾虚造成的营养不良等都会导致月经不调，而乳头、乳腺、乳晕归于肝、脾、胃经，因此从肝、脾入手调理月经的同时也能起到间接的丰胸作用。

专家提示

小常识

美胸矫形有的放矢

居家小妙招矫正乳头下陷

正常发育成熟的女性其乳头应突出于乳晕皮肤平面1～1.5厘米左右，但有不少女性的乳头因为发育异常或其他原因影响凹陷于乳晕皮面之下，不凸出于乳晕平面，形成乳头内陷。乳头内陷不仅会影响女性给婴儿哺乳，同时会影响乳房的直观美感。下面这些居家小妙招可以帮助我们矫正不是很严重的乳头内陷。

妙招1：负压牵引

做法 选择与乳头体积大小相配的乳头内陷专用负压矫正器（乳头隆起器），以持续的低负压牵引乳头，帮助内陷的乳头得到矫正。每次30分钟，双侧交替进行，每日3~5次。一般经过30天左右，乳头可被吸出，再巩固治疗2～3个月即可。

注：这是一种简单的物理治疗方法，尤其适合问题比较轻的乳头内陷。医疗器械商店有卖乳头内陷负压矫正器。

如果没有专用负压矫正器，也可用10毫升的塑料注射器帮忙，做法是：将注射器前端的外壳取掉，拔出针芯，倒转注射器，将注射器的外壳后端开口处对准凹陷的乳头，再将针芯从注射器前端剪开处插入，轻轻抽吸，利用注射器的负压将凹陷的乳头吸出，并固定5～6分钟，每天1～2次。

此外，还可用手动或电动吸奶器持续或间断地吸拉乳头，将乳头拉出。每次30分钟，每天3~5次。

妙招2：手法牵引

做法 首先，用温水洗净乳房和双手，以拇指和食指捏住乳头，慢慢向外持续或间断轻柔牵拉，每次约30分钟，双侧乳头交替进行，每日3~5次。

接着，在内陷乳头区从上下左右将皮肤反复数次向外推

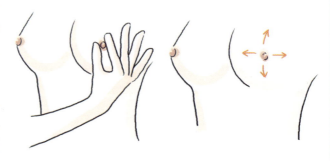

动，待乳头稍突出时迅速轻柔地将乳头上提，同时用拇指或食指轻轻按摩乳头，每次做5～10分钟，每天3～5次。

妙招3：胸罩挤压

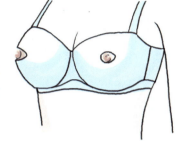

在较紧的胸罩上乳头的位置处开一个小孔，戴上胸罩后迫使乳头被挤向外面，这样坚持一段时间，乳头即可突起。这个方法适合程度很轻的乳头内陷者。

妙招4：婴孩吮吸

这招适合乳头轻度凹陷、刚生完小孩的产妇，通过适当增加婴儿的吮吸次数可帮助矫正内陷。不过要同时注意保护乳头，哺乳时不要让孩子过度牵拉乳头，每次哺乳后，应将乳汁排空，并用手轻轻托起乳房按摩10分钟。哺乳后还要注意清洗，谨防感染，一旦发生乳头红肿，应及时就医诊治，防止形成乳腺炎。

注：对于可以通过人工挤压或牵拉办法进行矫正的轻度乳头内陷，治疗时机最好选在婚前或妊娠早期进行。对于比较严重的乳头内陷，比如用人工方法不见效的，最好到整形医院进行手术矫正，这种手术创伤小，恢复也较快，无须住院，不过一定要选择正规、信誉度好的整形医院，先做详细咨询，并尽量选择少损伤输乳管的手术，而不以追求十分完美为唯一目的，应以乳头突出、婴儿能吮吸为目的。

孕期、哺乳期乳房的养护

妙招1：活体油按摩

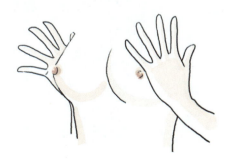

对于乳房发育欠佳的女性，如果巧妙利用孕期这个特殊阶段，可以收到丰胸美胸的效果，因为这是让乳房再次发育的绝好时机。方法是：

用一种专为孕妇设计的"活体油"，每天晚上睡觉前，先以温水将乳头和乳房四周清洗干净，将活体油涂在乳房四周，

用双手手掌在乳房周围轻轻做画圈按摩 1～3 分钟，然后用五个手指轻轻抓揉乳房 10 至 20 次，大约 10 分钟后，再用温水将活体油彻底洗去。这个方法可有效促进血液循环和乳房的发育，提高纤维细胞活性，增强乳房弹性。

活体油所含成分萃取自天然植物，用起来比较放心，美容化妆品商店或专柜多有销售。怀孕期间切忌使用含有激素的丰乳霜，否则会扰乱体内激素平衡，对胎儿健康不利。

妙招2：用水袋文胸支撑

怀孕第 3 个月后，乳房会比孕前增大很多，它的分量感也在一天一天地增加，即使穿着支撑力很强的文胸，还是能明显感觉乳房在往下垂，乳房原本发育过于丰满的女性这种感觉会更强烈。同时，乳房周围的血管开始变得明显，乳晕的颜色开始加深，乳头也变得更加突起，乳房的确比以前丰满了很多，但形状上却并不那么理想，尤其是对于原本发育欠佳的平坦胸形，孕期中丰满的部分主要在下半部，上半部却依然比较平，如此种种困扰，这么办？戴水袋文胸进行保养是个好方法。

这种文胸的水衬垫能自然波动衬托出自然乳沟，提供更好的支撑力，而一般的钢丝圈文胸一天戴下来，就会把乳房勒出红印，而水袋文胸的支撑作用很舒适，其中的液体还含按摩精油，穿戴的同时可按摩乳房，促进并稳定乳腺的发育。一般孕妇用品商店有这种水袋文胸出售。

产后乳房的恢复保养

很多女性生完小孩后担心哺乳会影响乳房形状，导致乳房"缩水"、松弛下垂，乳晕颜色变黑等问题出现，因而不进行母乳喂养或缩短喂奶期，其实，只要产后乳房保养得法，就没必要为此担心。哺乳期间及哺乳期后的正确保养招数具体有：

妙招1：植物精油美化乳晕和乳头

用适量美胸植物芳香精油涂敷乳晕和乳头，用指腹在乳晕上做轻柔打圈按摩，使其表面的积垢和痂皮变软，再用洁肤皂和温水洗净。这个方法可帮助恢复乳晕和乳头的红润颜色。可到专业芳香美容院买美胸精油。

小常识

妙招2：文胸提托保持乳房坚挺

有些新妈妈们为了给婴儿喂奶方便而不戴胸罩，殊不知这样最不利于乳房恢复坚挺，因为乳房重量得不到支撑，极容易造成乳房下垂。正确做法应该和妊娠后期一样，每天穿戴尺寸合适、松紧适度、提托效果佳的棉质文胸提托住乳房，可以防止乳房在增大变重后其皮肤和内部支撑组织撑扩伸张而又缺乏支撑出现下垂。太紧太松的胸罩都不行，太紧会影响血液循环，太松则起不到支撑效果。

妙招3：温水冲淋

每次淋浴时，用花洒流出的温水水流从下向上冲淋乳房，这样不仅有利于乳房的清洁卫生，而且能促进乳房血液循环，增加弹性，防止乳房下垂，同时起到保健乳房的作用。

妙招4：运动塑胸

每天坚持做20～30个俯卧撑或扩胸运动，可有效锻炼胸肌，增强乳房弹性。

坐、立、行、卧也美胸

时刻保持正确的坐、立、行、卧姿势对维持胸形也很重要。走路和站立时背部要直，收腹、提臀，将重心集中在上身；坐下时挺胸抬头，挺直腰板；睡觉时宜采用侧卧或仰卧的姿势，不宜俯卧，以免挤压胸部。

⑤ 借文胸美化胸形

胸部形态不完美，还可以借助文胸来加以美化，但前提是要选择适合自己胸形的文胸，这样才可以将乳峰的高点固定在正确的位置，创造出具有立体感的胸部曲线。如果选择了外观好看却并不适合的文胸，就会破坏胸部曲线美，因此必须针对自己的胸形来选择，以起到锦上添花的作用。

1 胸部扁平、外扩型女性如何选择文胸？

胸部扁平、扩散所造成的外溢是有很多种原因的，除天生之外，有些是因为

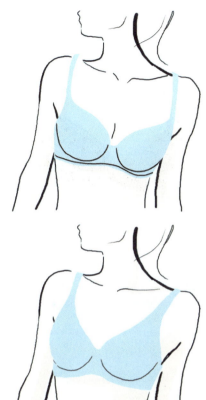

长时间不穿文胸，使胸部脂肪任意游走，从而形成胸部外溢；或是因为不知如何选择合适的尺寸，文胸尺寸太小，包容不住胸部，把本来漂亮的胸部弄得扁平；也有些女性是因为款型没有选好，致使胸部无法集中，造成扩散。因此，有以上情况的女性应选用集中型的文胸，也就是3／4罩杯的文胸，它能使你的胸部集中，衬托出挺拔的曲线。避免穿戴运动型的胸围，因其质料较软，且没有加垫和钢托，会令原本扁平的胸脯显得更平、更扁。有钢托及成型罩杯的文胸可把胸部托起，令外观看起来较丰满。还可选择在胸围中加有活动胸垫的文胸。

2 胸部下垂型女性如何选择文胸？

胸部下垂者往往是因为胸部较高，但乳房组织松弛，不穿戴文胸，时间久了就产生胸部下垂。要想恢复胸部原有的健美，首先要选择比平时大一号的文胸，并尽量使用有钢圈和侧部有加强功能的文胸来加强衬托，由下往上地支撑。但要注意肩带的宽度是否符合所托的重量，使乳房提升到合适的位置，并要注意把乳房全部圆满地填入罩杯内。此种类型的女性最宜选择全罩杯文胸，因为全罩杯文胸有能力将下垂胸部衬托起来。

3 胸部娇小型女性如何选择文胸？

胸部娇小可以用功能文胸来进行弥补，不要认为自己的胸部小就可以不穿文胸或者穿较紧的文胸，要知道，不穿文胸会使

胸部显得平板，穿太小的文胸会限制胸部的发育，应穿戴略大一点的文胸，让胸部血液流通，保证乳房的活动空间，让它可以朝合适的位置和空间发展。针对娇小型胸部的女性，市场上出现许多健胸款式文胸可供选择，例如有按摩型文胸、有促进血液循环的微元素不织布文胸，它们对健胸都有一定的作用。另外还可选择定型罩杯文胸,它们都比较适合胸部娇小的女性。

4 **乳房丰满的女性如何选择文胸?**

丰满女士最好穿黑色或白色系（乳白、牙白、漂白、灰白等）的内衣。中性色或各种加灰色系都会减弱丰满女士的光彩。同时，黑色或白色的内衣与各色外装搭配都比较容易配色。薄的弹性面料是这类内衣的常用品，不仅穿着舒适，而且不显累赘，使丰满体形具有现代时尚的风格。最好不选纯棉质内衣，因为虽然棉质有吸汗、透气的优点，但对于丰满体形来说，容易造成臃肿、落伍的不良效果。最好不选加内垫的文胸，这会给人厚重的造作之感。应当相信，你的丰满本身就是一种自然的美丽。文胸最好选全罩杯或3/4罩杯，宽肩带、加钢丝托，有利于丰胸的造型。1/2罩杯往往承托不住丰满的乳房，很容易出现乳房上溢，显得松松垮垮。

文胸的类别及尺码选择

A. 文胸的类别选择

按罩杯大小来分

全罩杯文胸 可以将全部的乳房包容于罩杯内,具有支撑与提升集中的效果,是最具功能性的罩杯。任何体形皆适合,适合乳房丰满及肉质柔软的人。

3/4罩杯文胸 3/4罩杯是三款文胸中集中效果最好的款式,如果想让乳沟明显地显现出来,那一定要选择3/4罩杯来凸显乳房的曲线。任何体形皆适合。

1/2罩杯文胸 利于搭配服装,此种文胸通常可将肩带取下,成为无肩带内衣,适合露肩的衣服,功能性虽较弱,但提升的效果颇不错,胸部娇小者穿着后会显得较丰满。

从外形设计特点来分

无肩带文胸 大多以钢圈来支撑胸部,便于搭配露肩及宽领性感的服饰。

魔术文胸 在罩杯内装入衬垫,藉以提升并托高胸部,可表现胸形及乳沟。

无缝文胸 罩杯表面是无缝处理,缝入厚的垫,胸下围之土台也是无缝处理,适合搭配紧身服饰。

前扣文胸 钩扣安装于前方,一般便于穿着,也具有集中效果。

小常识

 长束型文胸 是标准文胸的一种,罩杯下端之土台较长,能把腹部背部的赘肉及多余的脂肪往胸部集中。

 无肩带长型文胸 可以调整腹部、腰部的赘肉,表现出曲线,多用来搭配性感服饰,比如晚礼服等。

 休闲型文胸 一般都是用来搭配平日居家休闲服饰而穿着的。

从功能上分

 哺乳型文胸 于文胸各乳房前方有开口,不论是半开罩杯型、侧开罩杯型或卸下罩杯型,皆是为了哺育宝宝而特别设计的。

 运动型内衣 具有一定的振动支撑力量,有防震的功能,在运动时,可以较一般文胸具有固定胸形与保护乳房的功能,可以避免乳房在运动时受伤。

 装饰型文胸 此款文胸虽谈不上有什么保护胸部的功能,但在特定的场合有画龙点睛的装饰效果,可以增加性感魅力。

B. 文胸的尺码选择

在选择文胸尺码前,我们要先了解上、下胸围的测量方法和文胸尺码、罩杯的换算方法。

上胸围 以乳头位置为测点,用软尺水平绕过身体测量胸部最丰满处一周,所得出的数字即上胸围尺码。

下胸围 把软尺放在乳房下缘,水平绕过身体一周,所得的数字就是下胸围尺码。

文胸尺码 也即下胸围尺码,通常以厘米为计算单位,国内内衣生产商通常采用的

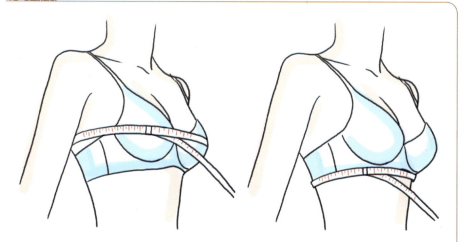

尺码规格有65、70、75、80、85、90、95、100、105等。

罩杯尺码 文胸罩杯尺码=上胸围-下胸围，即乳房上围与乳房下围的差值。根据此差数即可确定罩杯尺码，无论国内国外，罩杯尺码常常分为A、B、C、D、E、F等几个型号。

一般来说，上下胸围差在10厘米左右选择A罩杯，12.5厘米左右选择B罩杯，15厘米左右选择C罩杯，17.5厘米左右选择D罩杯，20厘米左右选择E罩杯，20厘米以上选择F罩杯。现在国内有不少品牌的文胸生产商参照日本的方法，往往以每5厘米为一个罩杯界限：

罩杯	上、下胸围差	罩杯	上、下胸围差
A	10cm以内	D	20～25cm
B	10～15cm	E	25～30cm
C	15～20cm	F	30～35cm

我们买文胸时常见的型号代码如85C或75A等就是根据这一方法得出来的，选购时，根据自己的下胸围尺码和上下胸围差就可确定自己所需的文胸型号，例如：上胸围是85厘米，下胸围是70厘米，85-70=15，那么就应该选择70B型号的文胸。

欧美国家所采用的文胸尺码又有所不同，常会见到32A，34B等标法，下面这组表可帮助我们了解日本和美国文胸型号尺寸的换算方法。

小常识

日本、美国文胸尺码参照：

下胸围	上胸围	日本	美国	下胸围	上胸围	日本	美国
63~67cm	77～79cm	65A	30A	68~72cm	82～84cm	A70	32A
	79～81cm	65B	30B		84～86cm	B70	32B
	81～83cm	C65	0C		86～88cm	C70	32C
	83～85cm	D65	30D		88～90cm	D70	32D
73~77cm	87～89cm	A75	34A	78~82cm	92～94cm	A80	36A
	89～91cm	B75	34B		94～96cm	B80	36B
	91～93cm	C75	34C		96～98cm	C80	36C
	93～95cm	D75	34D		98～100cm	D80	36D
83~87cm	97～99cm	A85	38A	88~92cm	102～104cm	A90	40A
	99～101cm	B85	38B		104～106cm	B90	40B
	101～103cm	C85	38C		106～108cm	C90	40C
	103～105cm	D85	38D		108～110cm	D90	40D
	105～107cm	E85	38DD				

专家
提示

　　选择合适的文胸是保护双乳的必要措施，切不可掉以轻心，购买时要注意试穿，选择型号适合自己的，切忌穿戴不合适的文胸。

选择全罩杯、3/4或1/2罩杯时要考虑的相同问题：

　　胸下围部分是否已固定？会不会任意移动？肩带是否太紧或太松？胸前中心部分是否紧贴着身体？带有钢圈的情形下是否仍然服帖？文胸上方是否有勒进肉里的痕迹？周围有无赘肉外露？是否有压抑感？是否覆盖住了乳房所有外沿？

选择不同罩杯的文胸分别要考虑的问题是：

　　选择全罩杯时，要注意乳头与罩杯中心是否吻合，罩杯是否因为不服帖而产生褶皱。

　　选择3/4罩杯和1/2罩杯时，要注意乳房是否已集中托高于罩杯内。选择1/2罩杯时，还要注意取下肩带后文胸是否仍旧固定，是否会移动。

⑥ 巧借穿衣美化胸部曲线

在美化胸部曲线的问题上，衣服可以起到化大为小或化小为大的神奇作用，不可小瞧。

对于胸部发育过于丰满、身材比例不是很协调的女性，宽松且剪裁大方的连身裙、肩下有细抽褶的上衣、小翻领或V领的外套都有掩饰胸部过大的效果，而剪裁贴身、门襟太低、大翻领且双排扣、材质过于柔软或过硬过厚等元素的衣服则不适合，会让胸部显得更大，因此要避免。

对于胸部过小的女性，色彩明亮及图案丰富、面料有张力的连身裙或上衣，具有厚度感，胸前有褶皱或图案装饰的衣服等因有视觉膨胀的作用，可让胸部看起来丰满些。

PART 4

臂之美

女人的臂宜洁白、细嫩，臂腕骨骼要纤细，脂肪要适度。手臂贴近身体，能与身体整体的曲线美互相呼应，充分体现女性的柔软美、丰润美、线条美。台湾名模林志玲正是拥有一双能与身体曲线相呼应的美臂。

一 臂之美标准

古人常常用藕来形容女人的双臂，以此比喻手臂的圆润洁白。而在现代美学中，美臂的衡量标准也包括以下三个主要因素：形态美、肌肤美、比例美。

❶ 臂的形态美

臂从形态上讲是肩与手之间的过渡部分，当双臂舒展起来时，应给人以清晰的线条感。

臂可以分为上臂、肘、前臂三部分。上臂基本形为长方形，基本体为圆柱体，臂部前肌群的形态呈现紧致的状态；前臂基本形为梯形，上宽下窄，基本体为扁圆柱；肘关节应该轻度外翻，外翻的角度称提携角，为10～15度。一般情况下，标准的女性上肢应纤细而修长，从肩至手的形体过渡和缓。

② 臂的肌肤美

古人用藕来形容女子的双臂，是想说明女人双臂的肌肤应该圆润白净。其实，臂部肌肤的厚薄亦是有讲究的。

关键提示 研究表明，上臂的前面、内侧面皮肤较薄，具有一定的活动度，后面的皮肤相对较厚，移动度较大；肘前部的皮肤移动性大，肘后部的皮肤比肘前部厚，但因其皮下组织疏松，故活动度比肘前部大。前臂前面的皮肤皮纹较细腻，移动度也较大。

③ 臂的比例美

臂的合理长度和围径是其形态美的基础。据有关数据显示，我国女性的平均臂长为51厘米，然而，一双美臂的臂长要更长一些，我们认为55厘米作为美臂臂长的标准较为合适。上臂围以24厘米为美臂臂围的标准。

一般来说，标准的上肢应为三个头长，其中前臂为一个头长，上臂为三分之四个头长，手为三分之二个头长。也就是说，上臂、前臂、手之比为4∶3∶2。

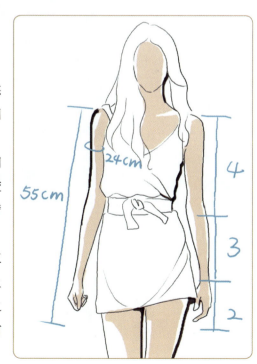

三 专业护臂进行时

　　夏秋季美容院里的美体项目中最受顾客欢迎的是手臂护理，其中手臂平滑美白疗程和美臂减脂疗程最受重视。选择适合自己的手臂护理，不仅能塑造漂亮的臂形，更能让手臂肌肤光洁白嫩。

① 祛除臂部斑痕及橘皮纹疗程

■ 超声波祛除斑痕

　　如果臂上有一些明显的斑痕，可以考虑用超声波仪器辅助治疗的方法消减斑痕。

　　超声波祛除斑痕术操作时只需在斑痕部位涂上祛斑痕霜，然后用超声探头在该区域反复移动数分钟至10余分钟，该超声探头能发出1兆赫以上的特高频超声波，利用斑痕霜使超声波导入皮肤组织，使斑痕部位的皮下脂肪快速均匀地乳化，以达到预期效果。

疗　　程 每周2次，10次为一个疗程。

■ 蜂窝消脂特别护理

　　此护理可以减少臂部橘皮纹（用手推捏肌肤时呈现凹凸不平的橘皮样外观）、帮助臂部

淋巴排毒、收紧臂部肌肉。

◎ 用海盐磨砂。海盐能够软化污垢，补充身体盐分和矿物质，排出体内多余的水分，并且促进皮肤的新陈代谢，排除体内废物。用海盐涂抹在臂部，摩擦10分钟后用热毛巾擦净。

◎ 将海藻热膜涂在臂部。海藻有助于脂肪细胞分解，令身体流汗排出多余水分和毒素。再用塑料薄膜将臂部包裹紧，盖上电子桑拿毯。让身体充分排汗，消耗脂肪，从而消减橘皮纹。

疗　程 整个疗程做6次，每星期做2~3次。

② 美臂减脂疗程

■ 按摩护理

手臂上的脂肪不太容易消除，而在美容院通过专业美容师的搓揉、拧扭，则可以有效对抗顽固的皮下脂肪。

减脂原理 按摩可促进皮下脂肪柔软化，从而达到纤细双臂的效果。

压磨护理 涂上乳液之后，以五根手指于皮下脂肪多的地方用力按压摩擦。在肘部的周围，这种按摩须以集中式进行，可使臂前侧结实平顺。

搓揉式按摩 主要使用手指指腹将皮下脂肪抓出。由臂内侧、外侧的中心线开始，使用稍微有些疼痛的力度，有节奏地持续进行。

拿捏式按摩 仔细拿捏脂肪多的部位，并以大拇指用力搓揉按摩。这是具有较好紧实效果的按摩方式。最适合手臂内侧等皮下脂肪较厚的地方。

拧扭式按摩 指腹用力，抓起已呈大块状的厚皮下脂肪后，加以拧扭按摩。每一动作之后均稍微停顿休息，然后再反复进行一次。这是有效减少脂肪肥大的按摩方法。

疗　程 整个疗程做20次，每星期做2次。

手臂内侧收紧护理

此项护理对祛除臂部多余脂肪、收紧臂部肌肉很有效果。

◎ 俯卧，美容师将具有排毒功效的精油涂在臂部区域，按摩数分钟；

◎ 用电热毯将手臂包裹起来，需要20分钟热敷；

◎ 撤掉电热毯，将减肥霜或减肥精油涂于臂部，并用手按摩、揉搓5分钟；

◎ 当按摩霜或精油完全被皮肤吸收后，按摩师用手按摩客人的臂部，先从臂内侧开始按摩，然后按摩外侧，按摩时间为35分钟；

◎ 客人起身后，需要喝一杯轻脂花果茶，补充水分。

疗　程 每星期做1次，10次为一个疗程。

香熏淋巴排毒护理

此法是根据人体的淋巴回流线路，配合天然植物提炼的消脂减肥按摩香精油按摩，可以促进新陈代谢、刺激循环系统，以达到排解毒素、纤体瘦身的效果。

◎ 洁净臂部后进行按摩，去除老化角质，促进新陈代谢，增加肌肤光泽。

◎ 以消脂减肥按摩香精油按摩滋润臂部肌肤。

◎ 全身放松休息，使臂部的芳香精油或乳液稍作停留，以帮助肌肤吸收，达到滋润效果。

◎ 依据臂部的淋巴回流线路进行按摩，按摩师先从臂部内侧开始按摩，然后按摩臂外侧，按摩时间为35分钟。

◎ 再次沐浴，洗净臂部残留的消脂减肥按摩香精油。

◎ 沐浴后喝杯清香甘甜的花草茶或天然饮料，以清除体内毒素。

疗　程 每周做2次，20次为一个疗程。

超声波塑形护理

超声波减肥仪适合局部塑形减肥，尤其是特别厚的脂肪，利用超声波导入减脂，使体内多余脂肪燃烧。

◎ 在使用超声波减肥仪之前，将减肥膏涂在臂部，然后按摩10分钟。

◎ 将超声波垫片贴在护理区域，电流强度逐渐增强，让身体慢慢适应，之后加大电流强度使身体震动，加强肌肉收缩运动。每次需要数十分钟。

◎ 做完护理后需要补充水分，一杯矿泉水是不错的选择。

疗　　程 长期持续做才有较好的效果。因为肌肉对于前一次运动的感觉以48小时为限度，超过这个时限，肌肉便松散了，因此最好每两天做1次。

■　"烧脂肪"按摩美臂护理

"烧脂肪"减肥技术的原理是利用脂肪分解"燃烧"，达到定向、局部消耗的目的，并促使脂肪中多余水分通过淋巴循环排出体外，达到美臂的效果。该方法直接作用于手臂，消耗能量，分解脂肪，缩小体积，紧肌瘦身，起到定向减肥的效果。

◎　先将修形霜涂抹在臂部，利用修形霜的多重活化及纤体功效，加速脂肪细胞的新陈代谢，重新赋予皮肤弹力，能收紧臂部皮肤，令其恢复平坦细滑。

◎　将纤体霜涂在臂部脂肪集中处，全天然植物精华配方能快速地减掉积聚在臂部的脂肪团。

◎　利用消脂按摩器刺激臂部皮下组织，促进血液循环及新陈代谢，达到消脂的效果。先将消脂按摩器沾湿，以旋转方式按摩，使肌肤能在最佳状态中接受护理，效果会更加理想。

疗　　程 整个疗程做20次，每星期做2次。

③ 手臂净毛护理

■　激光脱毛

这是目前最完善的脱毛方法，原理是毛囊中的麦拉宁色素会吸收激光的能量，通过所产生的热能交换来破坏毛囊，使毛发停止生长。但比较麻烦的是，毛发生长有三个阶段——成长期、中间期和休眠期，麦拉宁色素只产生于成长期，可想而知，激光治疗并不能对所有的毛囊产生抑制生长的作用。事实上，包括激光脱毛在内的大多数脱毛法，也都只能对这些正在生长且看得见的毛发产生作用。

■　蜜蜡脱毛

这种方法比较简便，在需脱毛处涂上一层蜜蜡后，用蜜蜡贴纸逆着毛发生长方向撕拉，一次可以去掉一大片体毛，即使再长出来的毛也比较细，但脱毛时会有疼痛感。有一点需注意，现在大部分的蜜蜡属于化学合成药品，容易对肌肤造成刺激。往下撕蜜蜡时，体毛容易留在毛孔内一部分，断了一半的毛端容易扎入毛囊，引起毛囊炎。蜜蜡脱毛适用于手臂、腋下的体毛。

■ **脱毛膏**

专门对付较细小的体毛，可以将大面积的毛发快速清除，适合对疼痛比较敏感但肌肤不容易过敏的人，但持续的时间不长，大概3天左右就会再长出来。因为是化学作用，所以对肌肤比较刺激，如果肌肤容易过敏，或者用得太过频繁，会造成红肿过敏。

三 粗臂的拯救方略

手臂肥胖的原因主要是因遗传和运动不足，臂下脂肪堆积而造成的。所以要通过运动、注意饮食来消耗掉堆积在手臂的脂肪。

❶ 运动篇

通过运动来瘦臂见效很快，但是如果不能坚持，还会恢复原样，如果配合节制饮食，效果会保持得更久一些。

■ **毛巾操**

刚开始做这个运动时，最好准备一条小一点的毛巾做辅助工具，先在家里练习，等到动作熟练后，就可以不用毛巾而直接两只手相握，并且可以在办公室的工作休息时间练习。

◎　首先右手握住毛巾向上伸直，手臂尽量接近头部，让毛巾垂在头后，然后从手肘部位向下弯曲，这时毛巾就会垂在后腰部位。

◎　左手从身后向上弯曲，握住毛巾的另一端，两只手慢慢地相互接近，直到右手握住左手。

◎　这个时候两只手都在身后，而右手的手肘会刚好放在后脑勺那里，切记，不要低头，而要用力抵住右手肘，这时你会觉得右手臂被拉得很酸。

◎　坚持20秒钟，然后换左手在上右手在下，也做20秒钟。

◎　每天早晚各做1次，每次左右手各做2遍。

■ 手臂转圈操

◎　两脚分开与肩等宽站直，双臂向两边充分伸展开。

◎　像画圆一样转动双臂。要尽量将"圆"画得越大越好。向前与向后各转15下为1组，每次做3组。

■ 两臂互拉

◎　两脚分开与肩等宽站直，两臂向上伸展。先用左手抓住右手腕，然后左手发力拉右手臂，直到右臂成直角时暂停，保持几秒钟。

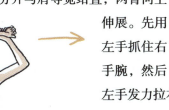
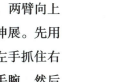

◎　然后再向左肩方向下拉，直到拉不动右臂为止，左臂也有拉伸感。保持这一姿势数秒钟。两臂轮换做。每组5下，每次做3组。

■ 像拳击一样打直拳

◎　右腿向后绷直，左腿向前弯曲站立。像拳击选手一样握拳，手臂弯曲，轻轻地贴在躯干上。然后发力，向前伸展右臂，同时左臂弯曲向后收回。

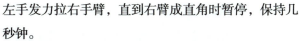
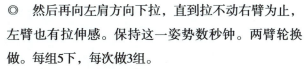

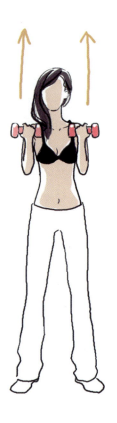

◎ 然后打出左拳，收回右臂。注意整个过程不能放松，要一直紧绷两臂肌肉。双臂反复交替10次。

◎ 左右腿交换位置，重复上述动作。

■ **哑铃运动**

这个运动可以强化松弛的臂部肌肉，使纤瘦效果更佳。

◎ 两腿站立，双手握住哑铃，从胸前举至头顶上停留约5秒钟；

◎ 两手从头顶慢慢落至胸前；

◎ 两手慢慢从胸前向下、向后举至极限，停留3～5秒钟；

◎ 重复做5～10遍。

② 生活习惯篇

■ **沐浴后按摩手臂**

沐浴后趁身体温暖的时候，揉捏双臂，可以加速双臂血液循环、锻炼双臂肌肉，减少手臂脂肪的积累。按摩要领如下：

◎ 将竹盐涂抹在手臂上，再从手腕到肩部揉捏整个手臂。

◎ 在手掌里沾上竹盐，抹在前臂的赘肉上再进行摩擦。

◎ 用大拇指和食指螺旋打圈式地将前臂上的赘肉拧起。

◎ 弯曲前臂，用拇指慢慢地按压前臂内侧。

■ **避免压力和疲劳**

脖子低垂、站着做事时，常会使脖子和手臂的肌肉感到疲劳。而长期疲劳会让血液循环变得不畅，很容易造成前臂肥胖。减少压力和疲劳，可以采用以下方法：

◎ 经常练习冥想或欣赏音乐，使心神安定；

◎　在睡觉前喝半杯有助于血液循环的葡萄酒。

■ 矿泉水妙方

在办公室放一瓶矿泉水，每天锻炼几分钟，道具简单，动作也不复杂。

◎　一只手握住一瓶矿泉水，向前伸直，之后向上举，贴紧耳朵，尽量向后摆臂4～5次。

◎　缓缓往前放下，重复此动作15次。

◎　每天做45次左右，可以分组完成。

③ 饮食篇

给手臂减肥是一个系统工程，需天长日久，贵在坚持，并没有什么立即见效的速成方法。但如果能掌握一些饮食减肥方案，对粗臂减肥是很有帮助的，不妨一试。

① 维生素E帮助去除水肿

血液循环不好，很容易引起身体浮肿，含维生素E的食物可帮助加速血液循环、预防肌肉松弛。含丰富维生素E的食物包括杏仁、花生、小麦胚芽等。

② 维生素B族加速新陈代谢

维生素B_1可以将糖分转化为能量，而B_2则可以加速脂肪的新陈代谢。维生素B族含量丰富的食物，包括冬菇、芝麻、豆腐、花生、菠菜等。

③ 少吃盐去水肿

经常吃多盐的食物，也容易令体内积存过多水分，形成水肿。饮食除了要减少盐的吸收外，可以多吃含钾的食物，因为钾有助于排出体内多余盐分，含钾多的食物包括番茄、香蕉、西芹等。

④ 穿衣篇

如何让自己的双臂看起来更细一些呢？中长袖当然是最佳方案，可是到了夏天，穿短袖上装时就不可避免地要露出有赘肉的手臂。难道就没有解决的方法吗？其实，只要选对上衣款式，粗臂也可以轻松显出纤细感。

① 宽松的公主袖

宽松的公主袖恰好遮盖住圆润的肩部线条，稍微蓬松的袖口，让手臂显得更为纤细。需要注意的是，虽然泡泡袖和公主袖看上去很相似，但是效果却完全不同。泡泡袖紧收的袖口会突出手臂线条，感觉赘肉把袖子绷得满满的，那样就糟糕了！

2 肩部荷叶边或曲线装饰

散开来的肩部装饰正好掩盖了胖胖的手臂，流苏袖、褶皱或曲线设计的袖子和蕾丝袖口都会取得不错的效果。但不要穿圆口无袖的上衣，这样会凸显圆圆的上臂。

3 七分袖

将较胖的上臂用合适的袖子遮挡起来，同时露出比较细的手腕部分，能够转移视线，让双臂看起来显得纤细。

🔍 **链 接 interlinkage**

粗臂拯救方略的10大要诀

制定减肥目标 确定理想臂围尺码，把它写在纸上，贴在你每天能看到的地方。

写减肥日记 制作卡片或图表，标出你计划体重下降的数字和完成情况。

多喝水 每天要喝七八杯白开水，即1.5升~2升，也就是普通瓶装550毫升的纯净水或矿泉水每天至少要保证喝3瓶，每次喝量应约为1/4瓶，间隔时间应为30分钟或1小时。水对于身体的功能是最基本的，且无热量，可以成为节食时最适合的饮料。但某些特殊人群如浮肿病人、心脏功能不好的人、肾功能欠佳的人等不宜喝水过多，否则会增加身体负担，导致病情加重。

要有恒心与毅力 在适度节食过程中，不要"试一试"而要"坚持"。在美味佳肴面前要节制食欲，适可而止。

控制热量与脂肪 要始终小心食物的热量，在饮食中应减少些肥肉，增加点鱼和家禽。

饮食要清淡 要少吃盐，咸的东西吃得越多，就越想吃。少吃那些经加工带有酱汁的食物，这些东西含有丰富的糖、盐和面粉，会增加你的热量。

常吃蔬果 要适量吃些含纤维多的水果、蔬菜和全麦面包。

平衡膳食 每天按计划均衡安排自己的饮食，同时要注意定时、不可滥吃。要延长吃饭的时间，每顿饭的时间不少于20分钟。

热量负平衡 请记住减肥的原则：热量的摄取量必须少于你的消耗量。

建立良好的生活方式 请记住你是在学习一种"生活的方式"，纠正以往不良的饮食和生活习惯。

四 细臂的拯救方略

① 运动篇

很多细臂的人担心运动会使原本纤细的双臂变得更细，因此对待运动总是小心翼翼，唯恐将自己来之不易的体重给减掉。但营养学家认为，对于那些长期坐办公室的瘦人来说，每天抽出一定的时间来锻炼，不仅有利于改善食欲，也能使肌肉强壮，体魄健美。人体的肌肉是"用进废退"，手臂如果长期得不到锻炼，肌肉纤维就会相对萎缩，变得薄弱无力，也就显得更为瘦弱。

■ 慢跑

想让手臂变得丰盈浑圆，慢跑是个不错的选择，因为人在慢跑的时候，肠胃蠕动次数明显增多，这样可以消耗人体能量，在进餐时胃口就好。一般来说，大运动量运动、短时间运动和快速爆发力运动都能起到增肥效果。

■ 游泳

游泳属于有氧运动，能有效燃烧脂肪，增添肌肉的有氧性，可让双臂变得

结实；也能通过水流按摩五脏六腑，促进肠胃蠕动而增进食欲，令细臂更为健美。游泳可调节全身肌肉，所锻炼出的双臂属于漂亮的流线型，看起来更加圆润，是拯救细臂的好方法。

■ 打乒乓球

对于细臂的人而言，打乒乓球也值得提倡，运动时不停地挥动双臂，对于增加双臂肌肉的收缩功能很有益，长期坚持效果明显。

■ 俯卧撑

俯卧撑可以使胸大肌、腹直肌、腰肌及四肢肌群得到强有力的锻炼，有利于双臂肌肉健美。每天坚持做5~10分钟，一个月后就可以看见明显的效果。对于中国女性而言，浑圆无明显肌肉感的双臂才是最美的，所以，有条件的女性可以到健身中心，要求专业形体教练给你一些专业的指导。

② 生活习惯篇

保证高质量的睡眠 睡眠时是人体能量形成的重要时期，也是促进肌肉生长的时期，所以保证夜晚的睡眠品质是身体健美的前提。临睡前可以喝一杯牛奶，能宁心安神，促进睡眠。躺下后还可缓缓地做几下深呼吸，使纷乱活跃的思维逐渐转为平静。在睡前痛快地洗个热水澡或用热水浸泡双足，亦能解除困乏，有助于顺利地进入梦乡。

改变以往的进餐顺序　建议先吃浓度高、营养密度高的食物，再吃其他食物。选择经适度烹调的食物，如蒸、炖、卤、炒、煮等，减少吃油炸、煎、烤的食物。

把每天的进食情况、运动情况、情绪变化及体重变化作一下记录　有利于你及时了解计划执行情况，利于增肥效果分析，并做出一些随机调整。

③ 穿衣篇

　　手臂太细，穿衣如果搭配不当，就会使整体感觉不协调，其实，注意以下几点，就可以让细臂显得浑圆匀称。

◎　手臂太细的女性，袖子长至遮住腕关节，能掩住瘦骨伶仃的感觉。

◎　匀称的有褶皱的袖子（褶皱不要过于碎密）或喇叭袖会增添美感。

◎　如果一定要穿露臂服装，则要盖住肩膀。

◎　精致秀气的手镯也可适当减少对细瘦手臂的注意，夸大的手镯则会突出缺点。

◎　吊带式和削肩的服装，太短、太紧的袖子以及蓬松的灯笼袖，都会突出细瘦的手臂。

五 为美臂祛瑕

❶ 手臂皮肤粗糙暗黑怎么办

穿无袖装时，如果发现手臂肤色不匀缺乏光泽，这时就该进行最基础的保养——去角质+滋润。但去角质频率不要太高，手腕、手臂内侧等娇嫩部位，每月一次足够了；而手肘、肩头等粗糙部位，则可适当每周做一次。

也可以用浴盐去角质。用温水溶解浴盐后涂抹身体。也可将浴盐直接抹在需要去角质的局部，用保鲜膜裹住，5～10分钟后洗净即可。

每天洗完澡别忘了涂上身体乳液，并稍做按摩。手肘部位可涂得厚些，多多滋润。长期坚持可以改善粗糙暗黑的手臂。

❷ 皮肤上有像"鸡皮"的颗粒红点怎么办

夏天到了，手臂上特别容易发各种各样的小疹块、小红点，"鸡皮肤"也更明显。

泡澡时可盛1/3小碗的浴盐，加水调成糊状，再加入6滴喜欢的精油，如薰衣草、玫瑰或西柚精油。精油较难溶于水，所以"盐糊"要放在水龙头下急冲，将精油冲碎洒入水中。水温在38℃左右为宜，泡澡时间不超过20分钟，每周1～2次就很好。

如果身上有梭形、椭圆形的红斑，中间有个红点，可试一下有抑螨消炎功效的香皂。"鸡皮肤"则可试试DHC（护肤品品牌名）纯橄榄焕采精华油，既滋润又柔化角质，白天更要用防晒霜加强防护。

❸ 皮肤红肿怎么办

手臂和脸部都是容易被晒伤的部位，防晒和晒后修护也要关注到手臂。

每天为暴露在外的手臂涂上防晒霜，中午或2小时后补防晒霜一次。如果到海边等光照强烈的地方，还要穿长袖衬衣外加遮阳伞，更要多多补防晒霜。

如果手臂被晒得红红的、痛痛的，就先洗个温水浴，用低矿物质的雅漾、理肤泉、依云等牌子的补水喷雾或纯水、蒸馏水浸湿纱布或毛巾，轻轻敷在手臂上，让皮肤镇静。也可将这些水冰镇一下再敷，或用毛巾包裹冰块在皮肤上轻按，为皮肤降温。然后涂上一层修护手膜，15分钟后洗去，涂上护手霜，就能看到明显的修护效果。

小常识

肘 部 护 理 小 妙 招

手肘部的美感直接影响着整个手臂的美，如果手肘部皮肤粗糙黯黑，无疑会令整个手臂的美大打折扣，下面这些小妙招能帮助美化手肘部皮肤。

妙招1：肘部SPA让肌肤恢复光滑细嫩

做法：

第一步 以温水浸湿双肘，软化肘部皮肤表层的老化角质；

第二步 取适量身体专用去角质磨砂膏或浴盐涂抹于肘部，适度用力搓擦，以去除皮肤表层的死皮和深层的污垢，恢复光滑细腻和洁净；

注：身体皮肤专用的磨砂产品颗粒通常比普通面部磨砂产品粗，这样才能有效地去除老化角质。

第三步 将身体用体膜或用于脸部的面膜涂在手肘部，停留大约15分钟后洗去；

第四步 给手肘处皮肤抹上一层润肤乳，用拇指外的其余四指指腹以打圈的方式连续轻柔按摩至乳液被完全吸收；

注：泡澡或淋浴时进行这项护理最方便。一周可做2次。

妙招2：冬瓜黄酒膏擦拭法美白肘部

做法：

第一步 将500克新鲜冬瓜去皮切块，入锅；

第二步 加100毫升黄酒和大约500毫升清水；

第三步 开中火煮成糊状，晾凉后放进冰箱保存；

第四步 每晚取适量擦拭手肘部皮肤，1小时后洗去。

注：不要一次煮得太多，可分二三次用完后再做。坚持擦用一个月后就能看到肘部皮肤明显变白的效果。

另外，每天直接取用柠檬汁擦试手肘部皮肤也有很好的美白作用。

六 叮当佩饰，扮靓夏日玉臂

臂饰不同于轻悬于手腕的手链与手镯，而是紧贴于上臂的宽宽的装饰品。有冷艳金属质地的，有柔美亮塑质地的，还有闪烁着盈盈光辉的水晶制品，或酷酷的如蛇般盘旋着，或随着微风细细碎碎地摇摆。

■ 野味十足的臂环

如果你的手臂细而长，并且已经被阳光"亲吻"得有点古铜色，那么一款宽宽的野味臂环会很适合你。

■ 西亚风情臂环

由很多细小的珠子串起来的臂环看上去像西亚的民族风情，精致的图案会让人情不自禁地爱上它，可用来搭配削肩的彩色吊带衫或是紧身针织T恤。还有一种是用弹性钢丝串上大小不等的彩珠而成的臂环，戴在手上形成盘旋向上的动感，在手臂摆动时会更加迷人。

■ 雅致臂环

不愿意太过张扬，又不愿错过臂环带来的风情万种，那么就选择细细的雅致臂环吧。

■ 中国风臂饰

由丝线编织出来的中国结风味的手环一度风靡，把各种颜色、花形的线织手环戴在一起，看上去十分别致。其实把它们戴在手臂上部也别有一番情趣，若配上长裙还会有很优雅的效果。

■ 金属臂环

最简洁、最直接的设计是金属臂环，一般只在臂环的两头缀上些浮雕或圆珠。随意的T恤、无袖衬衫都可以与之搭配，能够显示出鲜明的个性。

PART 5
手之美

　　除了面孔之外，人体最频繁外露的部分要数双手了。一双美手展示给人的不仅仅是视觉上的愉悦，更重要的是显示自己灵慧的内心，人们常说的"心灵手巧"也正是这个意思，人的内在美与外在美相得益彰，完美地表现在手上。从某种意义上来说，一双美丽的手对人体美有着特别的意义。

一　手之美标准

① 手的长度美

　　中国女性的手长一般为17.1厘米，而美手的长度要稍微大于这个数据，大约在18厘米左右。

　　修长是手之美最直观的体现，从而也是手之美决定性的因素。当然，手的修长也是相对于整个身体比例而言的，是相对的。比如一个身高146厘米的女孩，有着一双长达18厘米的手，无论如何不能算是美的，这并不是指这双手不美，而是指相对于女孩的身高而言，它是不合适的、不美的。

② 手的比例美

　　手的美还在于手掌和手指的大小以及相互之间的比例关系。美的手从正面观，手掌并拢时长宽之比为4：3，手指充分展开时长度与宽度相等，手掌的长度与中指的长度之比也是4：3，手掌的宽度与中指长度之比为1：1。

从背面观察，手的中指最长，拇指与小指等长。拇指的近节和末节分别与食

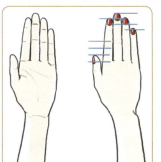

指、中指和无名指的近节和中节的长度相等。

各指的比例长度为：

拇指　伸直状态时达食指近节的近侧1/3；

食指　其尖端达中指末节的1/2处；

中指　为掌长的4/5或掌宽的7/8；

环指　其尖端略过中指末节的1/2处；

小指　其远端达环指远侧指间关节处。

❸ 手的形态美

手形随种族及区域差异较大，也受个体差异影响，故手形各异。手形大致可分为以下几类：方形、长方形、圆锥形、竹节形。一般来说，女性的手以长方形为最美。而皮肤质地则要细嫩光洁，丰满红润。

长方形手整体呈长方形，手掌窄长，手指修长，粗细较一致，外观光滑，手部轮廓优雅漂亮，整体线条顺畅舒润，手指关节灵活不突出。

手部皮肤应白嫩平滑，富有光泽，手掌心纹路不深不乱，无干裂、无起刺，指甲无凹陷、裂纹、甲癣等病症。手指应丰满，手掌胖瘦适度，既不干瘪也不肥厚。手部的色泽应红润，无苍白等不良现象。

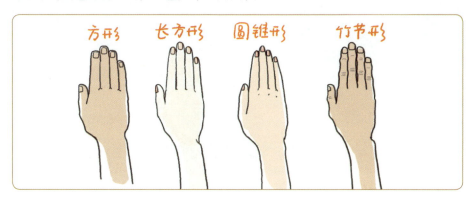

方形　　长方形　　圆锥形　　竹节形

二 专业护手进行时

无论是与他执手相牵，还是与好友挽手同行，别让那双欠缺呵护的双手泄露了你的真实年龄。通常，护理开始得越早，越可延缓手部肌肤的衰老，所以女性在25岁以后可以定期上美容院接受专业的手部护理。

① 专业手部护理大公开

■ **项目名称：巴拿芬手部修护美疗**

适合人群 手部皮肤粗糙无光泽、干燥脱屑的人。

护理步骤 深度清洁去角质——手部按摩——上巴拿芬热蜡——戴上专用手套，令巴拿芬蜡的热能保持——除蜡后上专业手霜。

效 果 巴拿芬蜡护理的原理是利用巴拿芬蜡所产生的热力，将维生素E和骨胶原带入皮肤底层。这种专业护理可以提升双手的温度，加速血液循环，使营养充分渗透，护理后手部肌肤光滑细嫩，对皮肤脱屑及干裂有很好的预防和治疗作用。

■ **项目名称：光子嫩肤手部护理**

适合人群 手部肤色黑黄、色素沉着有斑点的人。

护理步骤 深度清洁——去角质——用光子嫩肤机治疗——敷防敏感保湿手膜——洗净双手，涂上护手霜。

效　　果 去除色素，使手部皮肤颜色均匀，滑爽嫩白，并能增加皮肤的弹性。

■ **项目名称：微晶FAX**

适合人群 手部皮肤粗糙、有疤痕的人。

护理步骤 深度清洁去角质，由专业医务人员用微晶FAX仪进行治疗。

效　　果 微晶FAX仪可平复疤痕，主要用于面部治疗。当用于手部治疗时，可令疤痕明显减淡，且美白效果显著。

② 美容专家帮你巧安排

在选择美容院或是美甲工作室时，合理的安排是非常必要的，美容专家建议大家做好以下准备：

1 邀请好友同行

一个人第一次去美容院咨询与体验或许会感到有些拘促，不妨叫上自己的女伴同行，这样既可拉近与朋友之间的亲密程度，也可让朋友为你出谋划策。

2 准备预算

在美容院办卡之前，要给自己制定一个消费预算。因为美容院里很多美容师为了使美容的效果达到最佳，会向顾客推荐最为昂贵的消费项目，但是不同消费层次的消费者不一定要选择最贵的项目，要想不被五花八门的"营销"打槽，最好的办法就是在出门前给自己定下一个明确合理的财务预算。

3 挑选环境

手部护理和其他护理一样，需要好的环境。轻柔的灯光，清爽而干净的摆设，会让你在呵护手的同时，让心灵也轻松一下。

三 让手部肌肤更柔软的小妙法

❶ 用醋或淘米水洗手

　　双手接触洗洁精、皂液等碱性物质后，用食用醋或柠檬水涂抹在手部，可去除残留在肌肤表面的碱性物质。此外，坚持用淘米水洗手，可收到意想不到的好效果。煮饭时将淘米水贮存好，临睡前用淘米水浸泡双手10分钟左右，再用温水洗净、擦干，涂上护手霜即可。

❷ 用牛奶或酸奶护手

　　喝完牛奶或酸奶后，不要把装奶的瓶子扔掉，可以对"废品"进行充分地利用。将瓶子里剩下的奶抹到手上，约15分钟后用温水洗净双手，这时你会发现双手嫩滑无比。

❸ 用鸡蛋清护手

　　取一只鸡蛋的蛋清，加入适量牛奶、蜂蜜调和均匀后敷在手上，10分钟左右洗净双手，再抹护手霜。每周做一次，对双手有去皱、美白的功效。

❹ 手指也"跳"健美操

　　每天对着镜子练习2～3次以下动作：

◎ 手掌朝下，平放在一个平面上。

◎ 伸展手指，手掌往下压。

◎ 抬高双手，与下巴平行，再以手腕为支撑点，让整只手自然下垂。以腕关节为轴上下反复活动。

四 美甲，指尖上的美丽

❶ 测测看，你的指甲健康吗

指甲的颜色 正常指甲的颜色是淡粉红色，如果常用指甲油、去光水，会使指甲变黄。若指甲过黄，代表缺乏维生素E，也可能是淋巴系统、呼吸系统有问题。

指甲的韧度 如果想要测试指甲的韧度，可以用其他手指按压指甲尖端，若能略为弯曲表示硬度刚好，若太软则表示指甲不健康。若指甲容易破裂，表明你可能缺乏铁质或细胞组织异常，是缺乏蛋白质的表现，可通过吃深绿色叶菜类、鱼类、豆类、五谷类等补充。

指甲光滑程度　有时从侧面观看会发现沟痕，那就要多滋养指甲，让情况改善。若指甲凹凸不平，出现一条条的条纹，可能是肝不好。

周围皮肤　指甲周围皮肤若是过于干燥、粗糙，有脱皮的现象，就要利用按摩与保养来改善这种状况。

小常识

养护指甲周围皮肤小妙招

　　不少女性常常会为手指甲周围的老化硬皮和毛刺而烦恼，怎么办？不妨试试下面这个小妙招：

第一步　取一个大小合适的小盆，加入热水，再滴入4、5滴茶树复方精油（SPA美容沙龙有售）。

第二步　将双手浸在热水盆里浸泡10~15分钟，使指甲周围的硬皮和毛刺软化。

第三步　用专门修剪硬皮的指甲剪修去硬皮和毛刺。

第四步　涂抹上滋润性强的指缘专用油，并按摩指甲周围皮肤，这样可有效促进吸收，增强指甲周围皮肤的滋润度，防止硬皮和毛刺产生。（专用硬皮剪和指缘油在化妆品专营店有售。）

　　注：如果没有现成的指缘油，也可以用滋润性强的含维生素E或凡士林成分的润肤霜按摩、滋润皮肤。

　　如果不怕麻烦，也可以自己动手制作按摩油，方法是：

　　用一茶匙橄榄油、两茶匙菠萝汁与一个鸡蛋的蛋清混合，用该混合物对指甲和指甲周围的皮肤进行按摩，这个方法不但可以软化和滋润指甲周围皮肤，还可以使指甲附近的皮肤获得更多的营养。这招特别适合指甲周围和手部皮肤很干燥的人。

　　也可以用橄榄油调和润肤乳，于每天睡觉前涂于手上，稍做按摩，再戴上薄而透气的手套，也能很好地保护手部皮肤。

② 肤色与指甲油对号入座

1　如果你的肤色偏黄，又想要一点可爱的感觉，正粉红色可能会让皮肤看起来脏脏的，可以用白色或者偏白的粉红色指甲油，能够营造出洁净亮丽的感觉。

2　如果你的肤色较黑，要避免使用绿色、黄色指甲油，建议选择半透明的

金色或金属色
系，看起来性
感又有个性。

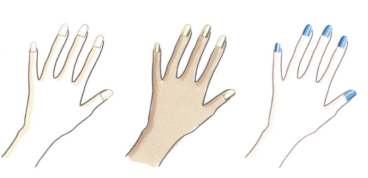

3 如果你的皮
肤很白皙，那么
颜色的选择空间
会更大，可以涂
任何自己喜欢的颜色，或者做些大胆的尝试，比如民族风格的湖水蓝指甲油，不
会过于夸张，但绝对活力有型。

③ 指甲护理要仔细

指甲是手部重要的部分，所以，指甲的保养工作也不能马虎，建议大家不妨定期对指甲进行一次彻底的保养工作。

步骤1 刷净污垢。洗澡后，使用中性洗手液以及柔软的毛刷轻轻刷净指甲内侧的污垢。

步骤2 按摩指尖。因为覆盖在指甲基部的皮肤是软皮，用按摩霜轻轻按摩软皮及指甲，然后将指尖浸泡在温水中约1分钟，再用毛巾轻轻拭干。

步骤3 按摩手指。涂上按摩霜，用划圆的方式由指尖朝手腕的方向轻轻按摩每根手指。再按摩指头、指关节、手腕、手掌、手臂，拉拉指尖，做做握拳运动，伸长双手，让手运动3～5分钟。

步骤4 冲洗干净。按摩完用温水冲洗按摩霜，再用毛刷轻刷残留的油分，最后以冷水冲净，用毛巾拭干。如果天气变冷了，可以在睡觉前按摩双手，再抹上保湿型保养品，可以保养双手。

④ 指甲彩绘DIY

运用指甲油、贴纸和少许的小水钻，每一根手指都可以拥有不同的变化。如果贴不好小水钻的话，许多专营美容用品的小铺里也有卖一种已经加了背胶的小钻石，轻松一贴就可以让指甲变得美美的了。

1 先在指甲上涂一层指甲油，等到完全干了之后再涂上一层，让颜色更为饱和鲜艳。

2 拿出带有丰富亮粉的指甲油，随意地在指甲上刷出一条一条线条，创造出一种华丽的感觉。

3 贴纸可以在这时候出现了，贴在你想贴的地方，秘诀就是10个指头最好不要重复造型，免得感觉呆板。这样美美的指甲DIY就完成了，无需花钱去美容院，在家也能让自己的指甲飞舞起来。

五 美甲10个小贴士

1 想要让刚刚涂完的指甲油快干，除了动用吹风机，还可将指尖浸入冰水中，加快干的速度。

2 如果想让瓶子里心爱的指甲油长久保持新鲜，每次用过以后请用纸巾将瓶口擦干净，以防止瓶口堆积的指甲油蒸发，放在冰箱中也可以避免其迅速蒸发而变得黏稠。

3 保持修甲后亮丽效果的最佳方法就是，涂完指甲油后再

涂一层透明护甲油，它能牢牢地把指甲油颜色给定住。透明护甲油不但能为指尖的颜色增添亮丽的魅力，还能保护它的持久性。涂过整个甲面之后，在尖端略微着重涂抹，防止裂损。

4 变换指甲色彩之前彻底清除上一次留下的残渍是保持指甲油颜色新鲜、时效长久的必需步骤。清洁的时候，用棉片或棉球由甲根向指尖擦拭，以免伤害脆弱的根部皮肤。

5 对付墨渍和烟渍，可以用小片柠檬轻揉擦去，非常顽固的话，就得用小刷子了。擦过之后一定要记得抹上护手霜，以免让双手干燥。

6 如果只用刷子头涂指甲油的话，可能会令过多的指甲油流淌出来。让刷子按与指甲水平的方向涂抹，效果会更加轻薄、均匀。

7 要想拥有更修长的美甲，涂指甲油的时候可以巧妙地利用视错觉，在指甲两边留下细长的空隙。

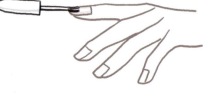

8 将海底泥面膜抹在手背上可以深层清洁双手肌肤，清洗之后也要抹上保湿的护手霜。

9 涂一层透明护甲油，大约45秒钟之后用棉球轻轻擦拭，便可清除之前残余的指甲油。

10 千万不要把指甲油瓶子放在阳光照射的地方——它们会在迅速干燥的过程中产生很多气泡。

六 有型指甲磨出来

指甲是双手最精彩的部分，疏忽了这细节之美，足以让漂亮打了折。因此，无论是否涂指甲油，都应把磨出漂亮的指甲形状列为护理手部的重要步骤。

正确的修甲工具是锉甲棒，而不是指甲剪，用指甲剪修指甲，容易造成指甲隐藏性的断裂，从而伤害到指甲，锉甲棒则不会有此问题。

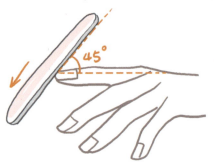

修出形状 使用锉甲棒时，应与指面成45度角，并向同方向锉磨，避免左右高低不一。

甲面抛光 当用锉甲棒修好甲面形状后，接下来就是抛光了，抛光会让甲面看起来光滑健康。

修甲完成　修甲完成后，别忘了涂上护手乳，让手部及指甲保持滋润及健康。

🔍 **链　接　interlinkage**

什么形状的指甲最适合你？

椭圆形

　　对比较传统的女性来说，椭圆形的指甲也许是比较适合、满意的选择。

方形

　　适合性格活泼和使用指甲尖端频率较多的女性，如秘书、打字员等。方形指甲最为坚固，也最为耐久，因为它的受力部位比较均匀，不易断裂。

圆方形

　　对于经常展示自己手指的女性，如接待员或推销员，选择圆方形的指甲形状较为适合。这种形状最为时髦也比较耐久。

尖形

　　容易折断，需要小心。

七 如何洗甲更安全

　　喜欢使用指甲油，自然会经常接触到洗甲水，所以，为自己挑选一款好的洗甲水非常必要。大多数洗甲水中含有挥发性强的甲醛及邻苯二甲酸酯。而市场上劣质的洗甲水的成分则只有丙酮，反复使用就会造成指甲脱水、脆弱、折断等。另外，丙酮还会致癌，常涂指甲油和洗甲水不仅对指甲健康不利，还会影响女性生育，引发乳腺癌。因此，孕妇和正在母乳喂养阶段的新妈妈都尽量避免使用。如何选择和使用品质良好的洗甲水呢？

首先，一定要挑选正规厂家出品，温和、无刺激的洗甲水，注意看一下成分说明上是否含丙酮。

其次，洗甲水的用量一定要少。清洗指甲油时，只要让洗甲水浸透化妆棉上一个甲面大小的地方就够了。

第三，洗甲水不能用来猛擦指甲，尤其是那些洗甲功效比较显著的产品，否则会使甲面变得黯淡、无光泽。正确的做法是，将蘸了洗甲水的化妆棉压在指甲上5秒钟，指甲油就自然脱落了。如果仍未清除，可以再做一次。

八 日常护手10个细节

1 洗手要洗干净，绝不可马马虎虎，残留的清洁剂会刺激皮肤。洗手时动作应轻柔，避免用硬毛刷刮到指甲或粗暴地用指甲刮硬物，这样会使指甲变脆弱，并且还会造成指甲上翘，脱离甲床。

2 在搽护手产品时，也应对指甲周围的角皮做适当护理。选择一款最适合自己的护手霜，滋润度要足够，同时最好兼有防晒功能。

3 血液循环不良不仅使双手出现斑点、青紫，指甲也呈青色，应充分按摩，加强血液循环，使血液流动到双手及甲床，使之恢复健康光泽。

4 做家务时应戴橡胶手套，避免化学物质对指甲的伤害。

5 涂有色甲油时应先涂一层保护用的无色指甲油，避免指甲油里的色素沉积在指甲表面。对于有沉积现象的指甲，应让颜色自动脱落，这是最好的处理方法，不要使用漂白剂漂白指甲。

6 不要咬指甲，这是不好的习惯。

7 不要把指甲当成工具使用，应使用相应的专门工具。

8 少戴假指甲，因为真假指甲间容易隐藏污垢，给细菌繁殖提供条件，而且真指甲长期被覆盖在假指甲下，会变得脆弱易折断。

9 天冷时洗手后一定要擦干，手指缝也要照顾到，忌用甩干的方式，不然的话湿气很容易让手部肌肤皴裂。

10 随身携带护手霜，随时补擦。尤其是在洗手后、做完家务后、出门前。

九 玉手还需饰物衬

① 手套怎样搭配衣服颜色

手套不仅御寒，而且还是搭配衣服的重要饰件。手套颜色应与衣服的颜色相一致。穿深色大衣，适宜戴黑色手套；穿西服套装或夏季时装时，可以挑选薄纱手套、网眼手套和涤纶手套。

■ 佩戴手套的礼仪

握手时男士必须除下手套。进入室内，男士须摘掉手套，而女士则不必，但当喝茶、吃东西时，应提前摘下手套。女士在舞会上戴长手套时，不要把戒指、手镯、手表等戴在手套外面，穿短袖或无袖上衣参加舞会，一定不要戴短手套。

② 如何选择合适的戒指款式

纤细的手指可佩戴各种各样的戒指，尤其是钻石戒指、镶玉戒指或其他较大一些的珠宝戒指，能把柔嫩的玉指衬托得分外秀丽。而指形不佳的手，则应该注意按指形的特征来选择戒指。

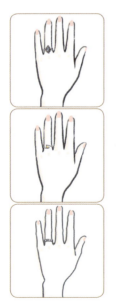

指短　避免底座厚实的扭饰型及复杂设计，建议配戴V形等强调纵线设计的款式，此外有坠饰垂挂的设计，相当可爱又可掩饰手指粗短。

指粗　指环过细或是宝石太小会让人觉得手指粗，稍有扭饰或起伏设计会让手指看起来较纤细，宝石较大或单一宝石的设计也有掩饰粗指的效果。

指关节粗大　这种手指较适合厚实的戒指。宝石过大而环状部分太细的设计看起来不平衡，易滑动。如果是碎钻宝石、底座厚实的设计，指关节就不会那么明显。

❸ 戒指、手表、手链怎样搭配最出色

■ **同一只手上戴两个戒指时：**

◎ 应该戴在紧邻的手指上，避免分开戴，否则会使手看起来大而粗壮。

◎ 除了位置要搭配，两个戒指最好是相似的样式，如戴三环式或是交缠式的戒指，就要避免搭配单环式的，一金一银的搭配也是不错的。

◎ 避免戴设计复杂或是色彩缤纷的戒指，同时戴在手上会显得眼花缭乱，不如单戴显得优雅。

■ **手链与戒指的搭配：**

同一只手上戴满各式各样的戒指手链，会显得累赘，所以也要避免，最好就是一只戒指、一个手链，最单纯简洁。

■ **手表与手链的搭配：**

同是金属的手表与手链，戴在手上会叮叮当当地互相碰撞，也容易造成手表

怎样选购合手的戒指？

选择戒指如同挑选衣服，只有与自己相配适宜，才能充分发挥它们的装饰作用。选购戒指一般须注意以下几点：

戒指的造型 如果选择对称型的戒指，要注意戒指两面是否对称均匀、高低一致、厚薄相等。戒指的齿口要居中，宝石位置要平稳，宝石与托座要严密，间隙越小越好。托座的牙齿要光滑，位置要周整，四齿或八齿的话，齿距要基本相等。戒指的指轮必须圆整。

戒指的尺寸 每个人的手指粗细不一，应"对号入座"，戒指的圈口大小要适中，不宜过松过紧，过松则戒指容易脱落或丢失，也容易因位置错动而造成戒指的图案或镶嵌宝石的损坏。戒指过紧会造成手指的局部血液循环不畅，影响身体的健康。一般来说，选择较大的宝石戒面戒指时，可以挑圈口略小的死口戒指。

专家提示

与手链的损坏。所以，最好要分开手戴。如果是软质的手链就可以与手表搭配。

■ 戒指与肤色的搭配

肤色偏黄的人不适合戴紫色和玫瑰色系的宝石戒指，如果确实喜爱的话，可选择金色的指环，可以掩饰宝石颜色不合的缺点。

肤色偏粉红色的人戴棕色系的宝石戒指也是可以的，只是不会很显眼，白金或是银色的戒指倒是非常合适的。

④ 戒指佩戴有讲究

戴在食指上，表示无偶或寻求恋爱对象；

戴在中指上，表示已在恋爱中；

戴在无名指上，表示已经订婚或结婚；

戴在小拇指上，表示独身或者终身不嫁或不娶。

✛ 饰品与指甲油怎样搭配

指尖的璀璨魅力，不但来自珠宝悦目的光芒，若有美甲映照，更能提升迷人指数。现在就告诉你怎样搭配珠宝与指甲的色泽：

奶油色、粉红色的指甲油不但不会削减钻石的耀眼光辉，还能陪衬出双手的优雅气质。（图1）

图1　　　　　　　　　图2　　　　　　　　　图3

明亮的丝缎红色指甲油能为晚宴中的你增添妩媚，并能凸显指间宝石的柔美光辉。（图2）

个性鲜明的红宝石非常抢眼，与之搭配的最佳选择当然也是艳红色的指甲油，若是换做紫色或棕色指甲油的搭配则会显得沉闷而黯淡无光。

红色指甲油也可以与绿宝石搭配。如果不想显得过于艳丽，换成粉红色也同样能够显现绿宝石的天然与活泼。（图3、图4）

图4　　　　　　　　　图5　　　　　　　　　图6

带珠光白的浅色指甲油，如柔和的杏黄色，比较能衬托蓝宝石的沉静，但蓝宝石的最佳伙伴还是明亮的淡紫色（最好是带有星星点点的闪光），它能衬托出蓝宝石最诱人神秘的一面。（图5）

如果你难以抉择，用法式美甲法（只在浅粉色甲面的指尖部分涂上月牙形的白色）好了，这是保险系数很高的搭配方式。此外，深红色也是不易出错的备选之一。（图6）

PART 6

腰之美

一 腰之美标准

腰部是女性曲线美的焦点，是身体线条美中最富变化的部位，腰的形态美主要体现在两侧曲线的圆润以及上起胸部下接臀部曲线的柔和变化上，富于魅力的人体腰身曲线不仅在视觉上令人赏心悦目，而且具有和谐的韵律美。

大体上讲，腰部曲线的衡量标准一般主要看其长短比例及粗细是否适中、柔韧及灵活性如何。具体讲，腰部美的衡量标准主要包括：

专家提示

人的胖瘦最主要就表现在腰身的粗细上，决定腰围大小的主要因素是腰部和腹前外侧部皮下脂肪含量的多少，皮下脂肪越多，腰围就越大。腰过粗主要就是皮下脂肪堆积的结果，不但显得臃肿，有损于形体美，而且行动不便，影响生理功能的正常进行；腰过细则会给人瘦弱单薄、缺神乏力和不堪重负之感，也有损于形体美。因此，腰肢虽以纤细为美，但并不是越细越好，有一个基本前提，即首先要健康，细而有力、略呈圆柱形的腰才是美的。对于中国女性来说，以身高为166厘米为例，理想的腰围应约为64厘米。

① 腰的纤细美

纤腰是从古至今女性美的一个重要标准，腰的粗细直接影响着女性的曲线和体态美。腰围即腰部最细处的围长，标准腰围（厘米）= 身高（厘米）×1／2 − 20，比胸围及臀围小30厘米左右，腰臀围的比值应约等于0.7。

② 腰的柔韧美

腰的柔韧表现在柔而不弱，韧且有力。

③ 腰的形态美

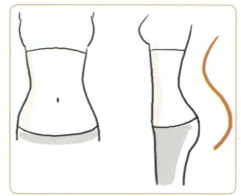

女性腰部的曲线要平滑、对称。从正面看，明显比胯部窄，突出胸大腰细 胯部大的曲线特点；从侧面看，它与胸、腰、臀、腿一同构成一组光滑和谐的S形曲线，从而使女性身材显得优美动人、凹凸有致；从其横切面来看应该是个略扁的圆柱形；从纵切面来看则像个两端开口的喇叭形。这样的腰部形态给人以玲珑、柔和的感觉，体现出女性特有的温柔之美。

🔍 链 接 interlinkage

美容专家眼中的腰部审美评定标准

根据腰部的围径、肌肉的弹性，可以对腰部进行如下美学等级评定：

+++级 黄蜂腰，指数为31或31以上，肌肉弹性好。

++级 腰比较细，指数在28～30之间，无肌肉松弛现象。

+级 腰比较细，指数在26～27之间，无肌肉松弛现象。

±级 腰围中等，指数在21～25之间，无肌肉松弛现象或松弛状态不明显。

-级 腰围粗，指数在16～20之间，肌肉比较松弛。

--级 腰粗，指数在11～15之间，肌肉松弛较严重。

---级 腰粗大，指数在0～10之间，肌肉松弛。

腰部的形态直接由脂肪和肌肉决定。对于更年期以前的健康女性来说，腰和臀的比例一般应在0.67～0.80之间。

近年来研究发现，腰围粗细与人的健康有密切关系。对女性来说，胸、臀部丰满，肩部较宽，大腿稍粗而腰围较细者是最健康的体形，而身体较瘦、腰围较粗的女性健康状况则不如前者。

专家
提示

三 腰部的美化

要想拥有曲线优美的小蛮腰，就有必要通过一系列积极的方式如运动健身、专业纤腰护理、合理控制饮食及衣饰美化等来达到美腰目的。

❶ 运动，让腰更纤柔

腰腹部很容易堆积脂肪，尤其是受年龄增长和怀孕、生育等因素的影响，腰腹部曲线美很可能被破坏，而针对腰腹部的健美锻炼是保持女性腰腹美的重要手段。

1 高温瑜伽

特　点 高温瑜伽是指在温度约42℃左右的高温练习房里进行瑜伽练习。对于瑜伽这种讲究身体拉伸的运动来说，温度很重要。在身体未热的情况下练习瑜伽很容易受伤，而42℃的室内温度可快速提升体温，加快血液循环，柔软因缺少运动而变硬的肌肉和筋骨。

功　效 高温瑜伽对塑身和身体健康都很有帮助。高温环境使人体的排汗量比平时多出几倍，让体内的多余水分、杂质及毒素随汗水排出来，从而起到排毒、净化和消脂作用。

课　程 一节高温瑜伽课大约需用时90分钟，其中包括26个伸展动作，如躺卧、站立和盘坐等，动作编排基本是固定的，练习时都必须依照顺序一个接一个练。经过90分钟的练习后，身体能达到一个平衡境界。

2 形体芭蕾

特　点 形体芭蕾源自芭蕾，它以健身美体为目的，难度较低，不要求腿踢多直，脚抬多高，动作多么规范，它只是教人如何把芭蕾特有的那种优雅内涵融汇到自己的行动举止中。它的动作更强调肌肉的耐力、身体的柔韧性，运动强度不是很大，一般人都能接受。

功　效 在动静结合的运动中有效地消耗多余脂肪，美化形体。

课　程 形体芭蕾分为成人初级、中级、高级课程。初级课程着重于提高基本素质和调整姿态；中级课程着重于训练基本舞姿与乐感；高级课程重点训练舞蹈的感觉和对音乐的感悟，大多数动作是以舞姿的形式出现，整堂课是伴随着优美的古典音乐进行的。

训练内容包括地面素质训练、扶把训练、脱把训练等，动作包括压腿、踢腿、站立等。

3 普拉提

特　点 普拉提是通过一系列伸展、平衡及柔软动作，达到改善体态和舒缓肌肉紧张、减轻压力的一种健身运动，较之于其他健身运动，它是一种温和、舒适的全身性运动，着重强调呼吸与伸展动作的结合，强调呼吸对人体运动的影响。

功　效 通过对身体核心部位（由腰部和腹部肌肉组成，包括腹横肌、腹内斜肌、腹外斜肌、腹直肌、竖脊肌）的拉伸锻炼和静力控制，借由伸张肌肉、腹式呼吸，使身心获得松弛，使脊柱变得柔软有韧性，从而美体塑形。

4 舍宾

特　点 起源于20世纪90年代俄罗斯的舍宾，其字面含义为塑造、成形，可翻译为"形体雕塑"或"身段塑造"，也可简称为"形体运动"；标准定义是指用科学的方法重塑健美的体形。它往往通过电脑测评分别制定出适合个体的营养+运动+医学+心理学不同的训练处方，属于多功能形体锻炼运动。该运动按照形体的曲线美和围度的比例美来设定人体的健美标准。

功　效 重塑人的体态美。

课　程 舍宾课程内容包括形体测评、形体训练、形体语言训练、形象设计

（包括着装、化妆及发型指导等）、减肥瘦身、营养及保健品补充指导等。

② 专业美体护理纤腰

目前，各专业美容院里正风行的瘦身减肥、芳香淋巴排毒等美体护理项目，配合精油进行局部或全身推脂按摩，可以达到一定的美体瘦身、修整身形效果，也可以帮助你重塑腰部优美曲线。

③ 指压纤腰

通过指压刺激腰部穴位也可以起到纤细腰部的作用，如果每日坚持做，腰部曲线会有大的改观。

指压点分别是 后背的腰部脊骨两侧二点，由此向外一指宽处左右各一点，然后再向外一指宽处各一点，共计六点。

指压方法为 两手放于腰部，将大拇指的指肚放在离脊骨最近的指压点上，左右同时压3秒钟。数过3秒钟后松手，移向下一指压点，这样一直压到最外侧的指压点上。用力越大效果越好。

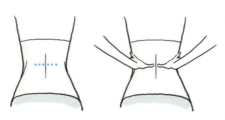

如果腰部上下一般粗，小腹还有赘肉，则会给人腰腹滚圆的感觉。不妨在指压腰部的同时进行腹部指压，每日坚持，就可以令腰腹同时变瘦。

消除小腹赘肉的指压点为 肚脐正下方五指宽处的一点及其左右各一指宽的二

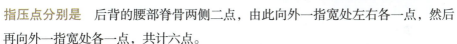

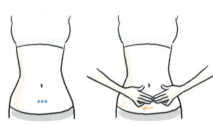

点，共计三点。

指压方法为 将两手的三根指头（食指、中指、无名指）并拢，由左向右依次压这三个指压点。每压一下，应数过5秒钟后再松开，然后移向下一指压点，压的时候不要太用力，自己感到舒服即可。

④ 食物美腰

在通过健身运动和专业护理保持腰腹部曲线的同时，还须坚持合理饮食，才能收到事半功倍的效果。

中医学认为，"腰为肾之府"，也就是说，腰的功能，如俯仰屈伸皆由肾所主，临床上的腰痛，多为肾病表现。当肾精不足时，便会出现腰膝酸软等症状。同样，腰的美与不美，亦与肾有关，所以，要想腰美，一定要注意养肾。养肾最直接的方法就是从饮食着手，平时多吃一些有补肾功效的食品，进行滋养，可避免肾虚所致的腰膝酸软。养肾功效比较强的食物有：

动物肾脏 食用动物肾脏是中医学"以脏养脏"理论的具体体现，具有很好的补肾益精作用，因其含有丰富的蛋白质、脂肪、多种维生素及某些稀有微量元素，故滋补效果极佳。

海产品 如海参、虾等。其中海参富含碘、锌等微量元素，能参与调节代谢，补肾滋阴，降低血脂，所含的黏蛋白质及其他多糖成分还具有降脂抗凝、促进造血功能、延缓衰老、滋养肌肤、修补组织等作用。虾富含蛋白质、脂类、矿物质、维生素，含钙、磷尤其丰富，能补肾壮骨、通乳排毒，虾肉的提取物中还含有增强免疫力的物质。

此外，动物肉类、鸡蛋、骨髓、黑芝麻、樱桃、桑椹、山药等也有不同程度的补肾功效。

⑤ 快速瘦腰小妙招

如果一段时间内放纵胃口，没紧守住热量摄入"防线"，就会明显感觉到腰变粗了，这种情形下总希望有什么妙招能快速让腰变瘦，这里向你推荐6种时下最流行的快速瘦腰妙招：

■ **妙招1：黄豆粉可可饮料瘦腰**

实施方法 将一包可可粉与1~2匙的黄豆粉加入温开水中搅拌均匀即可食用。

瘦身理由 黄豆粉中含有大量纤维质，可可粉属于油脂类食物，都易令人产生饱足感，不会让胃部觉得空虚，防止你禁不住美食的诱惑放开肚皮吃下太多的食物以致摄入过多的热量。早、中、晚餐前30分钟各喝一杯，并配合正常饮食，不需特别节食，就可取得瘦腰效果。晚上饥饿难耐时，还可以当做夜宵食用。

注意事项 一天最好不要超过5杯。由于可可热量较高，因此在食用后，别再吃其他高热量食物（如油炸类、烧烤类等）。

■ **妙招2：杜仲茶瘦腰**

实施方法 用餐时，旁边放一杯冲泡好的杜仲茶，边吃边喝，连平常喝的饮料全部都以杜仲茶代替，可达到减肥瘦腰的目的。

瘦身理由 杜仲茶茶叶可以促使脂肪转化成游离脂肪酸，具有减肥消脂的效果。

注意事项 稍不注意的话，游离脂肪酸还是有机会恢复成脂肪，所以想"永绝后患"，让肥肉无机可趁，最好每天配合做30分钟的运动，如摇呼啦圈、跳韵律舞、跳绳等都可以。空腹时别喝茶，对胃是一种伤害。

■ **妙招3：酸奶加绿茶瘦腰**

实施方法 将小瓶酸奶倒入杯中（也可用乳酸菌饮料代替），接着放入1匙的绿茶粉，搅拌均匀后就可食用了。三餐前30分钟各喝一杯，其他饮食照常食用。

瘦身理由 绿茶粉可促进脂肪游离转化，酸奶能帮助消化，清理肠胃，二者结合可有效促进代谢，同时给人饱足感。

注意事项 每一份酸奶和乳酸菌饮料的热量都超过100卡，所以饮用后要避免再食用高脂、高油、高热量的"三高"类食物。

■ **妙招4：蔬菜汤瘦腰**

实施方法 准备的食物原料有洋葱、胡萝卜、番茄、卷心菜、瘦肉火腿、胡椒粉、盐。做法是先将卷心菜切细（大小合适，不用太碎），番茄、洋葱切成条状，胡萝卜切成细条，再将瘦肉火腿切成0.5厘米左右宽的条，放入热水中烫一下，去除油腻，接着将所有蔬菜原料放入锅中，加入高汤煮软、煮熟即可食用。

瘦身理由 蔬菜汤中含有丰富的纤维，不但易给人饱足感，而且能清理肠道，帮助排毒，蔬菜需慢慢咀嚼，这样可以延长用餐时间，不致吃下太多东西。

注意事项 此法必须坚持一个星期才有好的效果，而且三餐都要坚持喝蔬菜汤，如果三餐以外的时间感到饥饿，也可以喝蔬菜汤，喝饱为止。瘦肉火腿也可用去皮的鸡肉、鸭肉代替。

■ **妙招5：三日蜂蜜瘦腰**

实施方法 每次在大茶杯中倒入1500毫升温开水或茶水，加入1～2大匙（10～20克左右）的蜂蜜，调匀即可饮用，蜂蜜一天可维持在150～200克的分量，连续喝3天，饭、肉、鱼、青菜一概不能吃，一个月可以重复实施1～2次。

瘦身理由 蜂蜜具有很好的清肠排毒作用，连续食用3天，能彻底清除肠道内囤积的毒素和代谢废物，又因其热量低，身体在摄入热量不足的情况下就开始消耗脂肪，从而达到快速瘦腰的目的。

注意事项 若想成功尝试蜂蜜减肥法，不妨利用星期天或假日，也可一星期选择一天来断食，但这样需要持续长一点的时间才看得出成果。由于在用蜂蜜减肥期间不能吃其他食物，所以可以准备很多种类的茶，在口感与香味的变化中，享受用蜂蜜减肥的乐趣，不致倒了胃口。

注：糖尿病患者不适合用此法，因为蜂蜜的升血糖作用特别明显，对病情控制不利。

■ 妙招6：三日苹果减肥

`实施方法` 三天内只吃苹果，其余的食物都不能吃，不必刻意限制苹果数量，吃饱为止，三天后吃些容易消化的食物如稀饭、青菜汤等。

`瘦身理由` 一个中等大小的苹果（2～4两）所含热量为40～60千卡，即使一天吃8个苹果，其热量也不超过500千卡，远远少于每天需摄入1200千卡的标准，而且苹果含有丰富的维生素、矿物质以及苹果酸，有助于代谢掉体内多余的盐分，防止下半身肥胖。苹果所含的水溶性果胶有清理肠道的作用，其减肥瘦腰效果当然很棒，对于想要快速减肥的人是不错的选择。

`注意事项` 为了避免只食用苹果导致营养单一、对身体造成危害，所以一个月最多实行2～3次。如果你无法忍受连续三天都吃苹果，也可以将三餐中的一餐以苹果代替，最好是晚餐，这样比较温和，也好坚持。

❻ 衣饰美腰魔法

腰部曲线漂亮的女性，要想骄傲地"秀"出自己的小蛮腰，可以通过穿高腰衣服及低腰裤、裙来展示；腰部曲线不够美、比较粗壮的女性也不要唉声叹气，只要掌握一些衣饰技巧，就可以让腰显瘦。

■ 如何借衣美腰？

腰部较粗、缺乏曲线美的女性穿衣时的注意事项大致有以下这些：

◎ 腰身宽松、不贴身裁剪的连身裙，单排扣外套，肩膀较宽阔的上衣，A字裙或伞状裙等，这些都比较适合你。

◎ 穿竖条、深色的服装绝对比穿横条、浅色的效果好。

◎ 整体款式上应该简洁，线条宜流畅。比如，矮而胖的女性穿着紧腰纵向色条的连衣裙或百褶长裙可以收到延展腰身的效果。

◎ 如果要穿突显腰身的衣服，则最好选择花色素雅的，质地应轻柔有垂感，可以淡化腰腹的沉重感。

◎ 用视线转移的方法，穿浅色衣服的同时佩戴一些小饰品，如小丝巾、胸坠等，或夸张一下身上较瘦的地方，以整体效果掩盖局部的一些不足。

◎ 避免穿着腰部附近有复杂设计的衣服，如腰部有滚边、绣花、口袋等等；若系宽腰带，要系在低腰接近臀部的位置上，而不是腰上。

如果你的小腹上不幸有些"奶油"，则还要注意：

选择下摆能遮住小腹的上衣，避免太紧的腰带、百褶裙或腰部打结的裙子。

提高腰线和有松散下摆的衣服可以掩饰凸起的腰腹部。

选择面料不易皱的衣服。坐下时小腹处衣服特别容易起褶皱，而身上特别皱的地方也是特别引人注意的地方。如果穿着会皱的面料，坐下的时候腹部处要特别小心才是。

专家提示

最好选择下摆稍稍蓬起的上衣或裙子，比如下摆通常在胸以下开始散开的韩版裙，可以隐藏腰的真正位置。

不要穿紧身裙，尽量穿裙摆稍微有点宽度、自然下垂的裙子。

谨慎选择会随腹部起伏、面料柔软的裙子，或紧身面料的上衣，这一类质地的衣服会泄露你腰腹部位的缺点。

■ 如何借腰带美腰？

使用款式、颜色合适的腰带不但可以为服装的整体美锦上添花，而且可以充分展现女性的优美身段和性感美，或者掩盖腰部曲线不够优美的缺陷。因此，时下越来越多的女性喜欢借腰带来展示纤腰的曲线美。

一方面，不同的人腰部的长短胖瘦不尽相同，腰带选择和使用上就存在着差别；另一方面，不同质地、款式及色彩图案的服装也需要搭配相应的腰带。因此，腰带的选择使用是有一番讲究的。此外，随着时装款式的多变，腰带的款式也越来越多样化，从材质上来看，有塑料的、皮革的、帆布的、丝绸的乃至金属的；从款式看，有窄形的、宽形的、链形的、平形的等多种，这更容易让人无所适从。

我们选择和使用腰带时究竟应注意哪些原则呢？大体如下：

从色彩的角度来看，腰带的色彩与服装合理搭配的原则是 素色服装与对比色腰带相配，腰带款式可简单一点，只作色彩搭配；若是同色的服装与腰带相配，则腰带款式上要复杂一点，以强调腰带的存在，还可加些配件饰品，把腰带点缀得华丽显眼些；至于图案复杂、色彩鲜艳的衣裙，则宜佩戴单色、款式简洁的腰带，以繁衬简，增饰腰身。

从年龄和体形的角度来看 体形过于丰满的年轻女性应选用较细、图案简单明快的腰带，不宜用过宽的腰带来束身，免得暴露缺陷；瘦人宜用较宽的腰带；胖瘦

丰满　　　　较瘦　　　　适中

适中者的腰带选择面较宽，宽窄长短可根据个人爱好及服装来定。

从季节的角度来看　冬季可选用皮革、人造革及塑料质地的腰带；夏季可选用透气性好的布料腰带及棉、麻编织的腰带；春秋季节的选择面较广，可依据衣裙来选用各种类型的腰带。

小常识

何时适合系宽腰带?

穿下摆较宽阔的裙子时，用一条比较宽的腰带将腰部往里勒一勒可使上下平衡，若用窄皮带和链状带都会显得太省略，给人一种仿佛缺了点儿什么似的感觉。

短裙怎么系腰带?

短而性感的裙子一般在腰间没有穿皮带的布圈，因而皮带系在腰上不久就会往上跑，尤其是在弯腰或坐下的时候，这样很不雅观。配这种裙子最好系一条链状腰带，并让它松松地吊在腰间，腰带既不脱离裙子，又能衬出裙子本身的风格。

瘦长形裙子怎么配腰带?

瘦长形裙子不应配任何式样复杂的腰带，不然人们的注意力会被腰带吸引住，而忽视了裙子本身的线条，这就无法达到这种裙子的最初目的——使身材显得纤长苗条。因此，系一条简单的细皮带是最合适的。

从腰带的系法来看 细长的衣料腰带多用系结的方式；而皮革类腰带多用扣、钩方式；编织类腰带系法多样，可系可扣，由其式样来决定；有的腰带要系紧于中腰，以显现腰线的婀娜；有的腰带多为中、宽度时装带，必须松松地斜挎于腰间才能显得妩媚、潇洒。系腰带时要注意其松紧以身体活动自如为度，切忌过紧，以免影响肠蠕动。

⑦ 好习惯养出好腰身

按时定量、有规律地进食 无节制和毫无规律的饮食是造成腰部脂肪堆积最重要的因素，因此必须养成按时定量、有规律吃饭的好习惯，切忌暴饮暴食。

坚持定期运动 要保持腰部及全身曲线，坚持定期运动很有必要，尤其是30岁以上的女性，因身体新陈代谢降低，容易发胖，腰身变粗，因此更应该加强运动。每周至少运动3次，每次至少30分钟，可选择健身操、跳舞、摇呼拉圈等运动，以保持身体曲线。

保持正确良好的坐姿和行姿 如

果坐姿不对，坐下时弯腰驼背，久而久之会令腰肌松弛，腰腹脂肪堆积以致腰粗腹凸，毫无曲线玲珑之美了，因此，坐时一定要挺胸收腹，脊背伸直。行走时也要保持挺胸收腹之态，这样可让腰、腹部肌肉处于紧张状态，更好地消耗脂肪，帮助锻炼体形。看一看舞蹈演员的娇美体形，她们平时走路都是这种姿势。

不宜久坐 久坐是造成腰、腹、臀部脂肪堆积的又一个重要原因。胖人先胖腰，除遗传因素外，长时间伏案工作使腰部得不到锻炼，或习惯饭后即坐下看电视或搓麻将等坏习惯也会引起腰部肥胖。此外，久坐不动会造成腰背部疲劳，对脊柱损害很大，时间长了会引发各种脊椎疾病，严重损害人体健康。人的身高通常在早晚有所变化，早晨比晚间要略高一点（约1厘米），这微小的变化就是人体脊柱椎间盘的髓核承受压力而变形的结果，所以，最好在坐了四五十分钟后就起来活动一下，让腰背得到短暂的休息，这样不仅有益于身体健康，还有利于精神的放松，从而集中精力更好地工作。

日常瘦小腹方法

腰部曲线即使再玲珑，但如果小腹被厚厚的脂肪层"装点"得圆鼓鼓的，无疑会大煞身体中段"风景"，这也正是困扰很多女性的问题，下面这些可行性强的日常小方法可以帮助我们瘦小腹：

方法1：缩腹法

平常走路、站立及做事时，尽量用力回缩小腹，配合腹式呼吸，这样可让小腹肌肉变得紧实。

刚开始的一两天会不习惯，但只要随时提醒自己"缩腹才能减小肚子"，并养成习惯，坚持三四个星期后，会惊喜地发现小腹不但趋于平坦，连走路的姿势也会更好看。

注：腹式呼吸法即指吸气时肚皮向外鼓起，呼气时肚皮向里缩紧。这也是瑜伽练习里常用的呼吸方法，有助于刺激肠胃蠕动，促进体内废物的排出，顺畅气流，增加肺活量，同时锻炼腹部肌肉。

方法2：按摩法

这是一种最简便最轻松的腹部减肥法，无论站、坐、躺或看电视、听音乐时都可进行，做法是：在腹部均匀涂抹一层

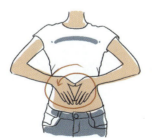

按摩介质（如减肥霜或纤体精油等），以肚脐为中心，分别按顺时针和逆时针方向做环形按摩各100下，每天按摩1～2次。

按摩可以提高皮肤温度，加快血液循环和身体能量的消耗，促进脂肪燃烧代谢

🐌**小常识**

和肠蠕动，减少肠道对营养的吸收，帮助平坦鼓凸的小腹，同时可预防便秘。

方法3：浴盐法

　　去超市买瓶浴盐回家，每次洗澡前，取适量浴盐加上少许热水拌成糊状，然后涂在腹部，并以肚脐为中心做顺、逆时针环形按摩。10分钟后，用热水把浴盐冲洗干净。

　　注：浴盐尤其适合肌肤比较敏感的人，现在很多超市或商店都有售（如屈臣氏就有售卖）。

方法4：瘦腹操

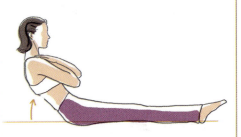

一　仰躺，下身固定不动，做仰卧起坐，不过不要做过去考试的那种动作，而是上身和床或地面成40度角左右的时候停几秒，这比快速用胳膊肘点到膝盖的动作有效得多。这个练习可锻炼到肚脐上部及胃下部的肌肉，令凸出部分收紧、变平坦，尤其适合胃下部比较凸出的人。　如果一次做不了那么多，可慢慢练习逐渐增加。

二　平躺，上身固定不动，双腿伸直向上抬起并向头部方向抬，尽量抬过头顶，然后慢慢放下，反复进行10～20次。这个动作可锻炼脐下部肌肉，收紧和减去下腹部多余脂肪。

三　仰躺，两手曲肘置于头后方，将膝盖与地面呈90度弯曲，在膝盖间夹住枕头，然后慢慢放下，反复做20次。这个动作有使腹部紧缩并抬臀的效果。

四　坐在椅子上，上身挺直，两腿伸直慢慢往上抬，直到与地面平行，然后慢慢放

下，反复做20～30次。这个动作可锻炼小腹部和腿部肌肉。

方法5：呼啦圈法

很多人都会转呼啦圈。练习呼啦圈可以同时瘦腰和腹，美化身体中段曲线，每天转呼啦圈1～2次，每次至少30分钟。但要注意不要只朝一个方向转，而应左右交换练习。

注：要通过运动锻炼法消除小腹的赘肉，三天打渔两天晒网式练习是不容易看到效果的，只有持之以恒地坚持下去才能看出效果来。

方法6：以好习惯瘦小腹

除了上面推荐的简单瘦小腹方法外，在日常生活中如果注意养成良好的习惯，也能帮助平坦腹部，这些好习惯包括：

尽可能以步代车，比如下班乘公交车回家时提前一站下车走回去。

尽量不吃冷饮，因为冷饮会降低腹部温度，小腹温度降低后，大脑中枢会命令身体输送大量营养到小腹，以增加小腹的温度，时间长了，小腹就会发胖。同时，日常饮食要清淡，少吃油腻食物及甜品。

吃完饭后不要立即坐下，做做家务或站半小时，影星美女舒琪的保养方法中就有坚持饭后站半小时这一招。

每次坐的时间不要太长，每坐一段时间后就站起来走走，很多因工作需要久坐的女性往往一坐就是好几个小时甚至一整天，导致腹部血液流动不畅，这也是小腹越来越凸出的原因之一。

做家务时尽量避轻就重、不偷懒，比如扫地时不使用吸尘器，改用抹布和扫帚，有意识地增加自己的运动量；熨衣服时采取站立或半蹲姿势，同时用力收缩腹部等。

PART 7

臀之美

一 臀之美标准

从女性形体美角度来看，乳房、腰部及臀是构成身体曲线美的三大核心要素，胸部前挺的"半球"曲线和臀部后翘的"圆弧"曲线通过腰的柔和连接，令女性形体凹凸有致，富有韵律美。因此，臀部是女性形体美的另一焦点，是展示女性性感魅力最生动的部位之一。

理想的女性臀部应该是怎样的呢？

① 美臀衡量标准

概括来讲，女性臀部美的标准应该是：形态丰润圆翘，球形上收；脂肪及肌肉丰厚富有弹性，皮肤光滑，皮下无过多的脂肪；曲线柔和流畅；臀部大小与腰围粗细及身材比例协调。

具体体现为：

比例美 身高与臀围的比应大约为0.553，臀围较胸围大约多出2厘米，与腰围的比大约为1.43；整个大小与身材比例协调。

形态美 以浑圆上翘的半球状为美。从侧面看，臀部与腰、腿部的连接处曲线明显弯曲；从背面看，臀部成两个完整的圆形，向后突起而不下垂。当站立时，由于覆盖在骶部的肌肉比其他部位薄而紧，会形成菱形窝，年轻而丰满的女性，菱形窝就大而深，就像面颊的酒窝一样美丽动人。

肌肤美 皮下脂肪丰厚但不过多，肌肉紧实富有弹性，皮肤光滑细嫩。

② 臀的美学评定标准

+++级 臀部中等偏大，丰满，呈圆形，可见深大的菱形窝；臀稍向后上翘；皮肤光滑而富有弹性，皮下无过多的脂肪组织。

专家提示

臀部的曲线美关键取决于臀部的形状、大小和臀部弧线的圆滑度。中国女性的臀部大多较为扁平，"S"形曲线往往体现得不够明显。臀部过大的女性，走起路来发颤，给人以累赘感；而臀部小或扁平无肉的女性，则缺少、甚至没有曲线美和女人味。

在现代女性形体美的标准上，国际审美专家多次强调将胸围90厘米、腰围60厘米、臀围90厘米作为基本标准，但是这些数据都不符合我国女性的实际身体情况，加上现在我国女性的身高普遍提高，臀围也有所变化，因此，不能仅以这个数据来衡量。

++级　臀部中等大，很圆润，可见菱形窝；皮肤光滑有弹性，皮下无脂肪堆积。

+级　臀部较大，圆形，菱形窝不明显；皮肤光滑有弹性，有皮下脂肪。

±级　臀部中等偏小，圆形，不规则；皮肤光滑，走路时可见脂肪颤动。

−级　臀部小而扁平，或大而不规则，有丰厚的皮下脂肪。

——级　臀部很小，平塌；皮肤光滑，弹性差。

———级　臀部很大，呈方形，臀部突出部分色泽不正常，脂肪下垂，显得臃肿。

小常识

有关臀部的几个基本概念

臀围　臀部向后最突出部位的水平围长。

臀部弧长　在经臀沟最小缘的垂线上，自最小腰围处至臀沟下缘的曲线长度。

坐姿臀宽　臀部左右侧最突出部之间的水平直线距离。

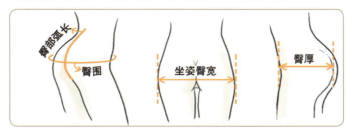

臀厚　臀部向后最突出部位处与腹部前面的相应点之间的水平直线距离。

三 认清你的臀形

臀的类型划分

臀部的形态和曲线如何主要与臀肌肥厚程度、脂肪组织的堆积情况、臀部的后翘情况及大小有关。

要想美化自己的臀形，就要先弄清楚自己的臀到底属于哪一类型，存在什么问题，这样才便于有的放矢，针对问题采取措施。

1 按臀部脂肪堆积情况，可以将臀分为以下四种类型：

标准型 整个臀部脂肪及肌肉分布均匀，大小、高度适中。

桶腰型 臀部脂肪在腰部分布较多，使腰和臀的围度差

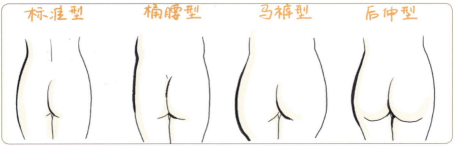

标准型　　桶腰型　　马裤型　　后伸型

变小，线条弧度减小变直，成桶状。

马裤型 臀部周围的脂肪向髋骨部位堆积，有"马裤变形"之称。

后伸型 臀部脂肪在臀裂两端，臀部向后伸展。

2 按臀部向后突的情况，可分为以下三种：

后翘型 臀部向后翘，腰臀围度差大，曲线弧度加大，属美臀型。

平直型 臀部与腰的曲线弧度稍小，显得平直。

下垂型 臀向下悬垂，有此臀型的人多为身体肥胖者。

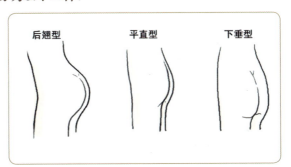

3 根据臀围减去腰围所得的结果进行大小评定，可将臀分为以下五种：

特小臀 臀围与腰围之差为0~14厘米；

小臀 臀围与腰围之差为15~24厘米；

中型臀 臀围与腰围之差为25~34厘米；

大臀 臀围与腰围之差为35~44厘米；

特大臀 臀围与腰围之差为45厘米以上。

三 臀的美化

　　天生臀形不完美，可以通过后天努力来改善，比如锻炼、专业护理、饮食、服饰修饰等方式都能有效美化你的臀。

❶ 运动美臀方略

要美化臀形，保持臀部线条优美，就要加强对臀部的锻炼，以增强臀肌的弹性和力量，防止臀部下垂。以下为锻炼臀部的有效方法：

❶ 每天1分钟翘臀操

图1

图2

图3

图4

图5

第一式：收紧臀部肌肉，美化臀部曲线，伸展身前侧。

仰卧，双臂置于体侧，调整呼吸；（图1）

吸气，屈双膝，脚跟尽量接近臀部；（图2）

呼气，双手抱脚踝，缓缓地把身体两端抬离地面，收紧臀部肌肉，保持30秒钟，自然地呼吸；（图3）

慢慢呼气，身体两端落下还原到仰卧姿势，再重复做一遍。

注意：如果手够不到脚踝，可以让双手平放在地上。

第二式：美化臀部，强化腿部肌肉力量和脚踝的力量。

仰卧，双臂置于体侧，边吸气，边将身体抬起来，双手托腰，小臂支撑于地；

呼气，将脚跟抬起，膝盖并拢，大腿内侧肌肉夹紧；（图4）

先吸气，然后呼气，同时左腿向上伸直，保持5~10秒钟，自然地呼吸；（图5）

吸气，左腿落下，支撑，呼气，将右腿向上伸直，保持数秒钟，自然地呼吸。左右腿各做3次，然后放松还原。

图6

图7

第三式：减少肩部、髋部、侧腰的赘肉，拉伸腿后侧韧带。

侧卧，右侧上臂着地，右手托脸侧面，调整呼吸；（图6）

吸气，屈起左腿，左手抓住左脚；（图7）

呼气，左手向上拉起左腿，左膝绷直，保持数秒，自然地呼吸；

还原落下，重复3次后，换另一侧再做。

图8

图9

第四式：提高臀位线，收紧臀肌，加强腰、背部肌肉。

俯卧，下巴着地，双手握拳置于体侧；（图8）

将掌心朝上，放于大腿根处；

吸气，收紧臀肌，用力向上抬高双腿，脑门贴地，双臂用力压。保持10～20秒钟，自然地呼吸；（图9）

呼气，腿落下还原，下巴着地，深呼吸一次。反复做3次。

第五式：提高臀位线，收紧腰、腹、臀部肌肉，强化腿部力量和平衡能力。

站正，调整呼吸；

吸气，屈左腿向后抬，左手抓住左脚，右臂向上伸直；（图10）

呼气，左手拉起左腿向上向后

图10

153

图11

伸展，右臂前伸维持平衡。保持20秒钟，自然地呼吸；（图11）

呼气，还原到第二步的姿势，再回到站姿，换腿再做。左右各做3次。

第六式：借刺激腰部锻炼臀部的肌肉，使臀部曲线玲珑有致，既可紧缩臀部曲线，也可治疗腰痛。

仰卧，膝盖弯曲，双臂伸直贴于腰间，双脚张开与肩同宽。

用力抬起臀与腰部，使身体成一直线，保持不动1~2秒钟，然后缓缓落下。重复8~10次。（图12）

图12

2 "古代尔"简易美臀操

面向下俯卧，头部轻松地放在交叉的双臂上。

缓缓吸气，同时抬起右腿，在最高处暂停数秒，然后边吐气边缓缓放下。在抬腿时需注意足尖下压，并且髋部不能离地，尽量将腿伸直、抬高，你会感到臀部正在收紧。

重复上述动作20次，然后换腿。每日进行1次。

注：这是英国著名健身专家古代尔提出的一套美臀操，故命名为"古代尔"美臀操。

3 美臀健腿操

面对墙壁，双臂伸直扶壁，右腿独立，重心在右脚掌，然后身体向前弯曲，一边呼气一边把左腿向后伸直，尽量抬高，双腿交替进行，各做15次，注意双腿不要弯曲。每天坚持，早晚各做一遍，长期这样锻炼能令臀部收紧上翘，使腰部到臀部形成一条优美的曲线，达到美臀的目的。

4 其他妙招

在平时坚持做这些
锻炼的同时，如果你有
时间与精力，去专业健
身房进行臀部锻炼是个
很好的选择，在专业教
练指导下锻炼效果会更
加明显。若每次1小时
的有氧运动之后，再进
行10分钟左右的臀肌锻
炼，几个星期之后，就
可见到效果。此外，瑜
伽及普拉提等运动也具
有很好的美臀功效。

如果抽不出专门的
时间来锻炼，就尽量利
用平时工作间隙或上下
班路上大步行走、爬楼
梯等可行性高的方式来
锻炼臀部。走路时双手
大幅度摆动，大跨步且
快速地行走，可以运动

到臀部肌肉，有修饰臀部曲线的作用。爬楼梯时，一次迈大步跨越两个阶梯比一
次跨一个阶梯更有锻炼臀部及下半身的作用。

此外，还可以选择踮脚尖走路的方法，即放松脚踝、踮脚尖走路，这样可以
刺激脚底的涌泉穴，这个穴道攸关肾机能与女性荷尔蒙的分泌，对第二性征的完
整发育相当有帮助，刚练习时可从2～3分钟开始，习惯以后，每次可做15分钟，
平日在家看电视时即可做。

现在很多人都寄希望于通过服装掩饰或是手术塑形来美化臀形，事实上，臀部美对锻炼的依赖性是很大的，演艺界明星凯莉·米洛和李玟的臀之所以曲线优美、性感有加，就与她们的勤奋锻炼密不可分，故积极锻炼是打造美臀的上上之策。再者，与需要依赖荷尔蒙分泌才能促进胸部丰满相比，臀部的锻炼更容易收到立竿见影的效果。尤其是以下两类女性更应加强臀部锻炼：

一类是长期坐着工作的女性，如果不加强臀肌锻炼，容易出现脂肪堆积、"橘皮"或臀肌下垂问题，这样无疑会破坏身体的曲线美。

另一类是30岁以上的女性，臀部容易因年龄增长、地心引力的原因出现松弛、下垂及"橘皮"问题，臀部肌肉力量减弱。

有效的臀部锻炼能令这些女性臀部肌肉结实、丰满而有弹性，同时防止臀部脂肪堆积和臀肌下垂，增加臀部曲线美。

专家
提示

小常识

为何会有橘皮组织？

当脂肪细胞增加的速度大于消耗速度，再因新陈代谢障碍，使过多的脂肪细胞在肌肤皮下组织处群聚堆积，肌肤表面便出现凹凸不平的现象，犹如橘皮一般，这就是所谓的橘皮组织。

对于已出现的橘皮组织，可借助由内到外双管齐下的手段来改善。内在方面主要是指以健康的饮食与有规律的作息为主，同时多喝水（最好是无色无味的纯水），水可以借排汗与排尿带走人体内产生的废物，使微循环健康顺畅以及淋巴排毒功能正常化。淋巴系统排毒功能若发生障碍，就会导致脂肪细胞增大，使局部发生肿胀。外在方面主要指锻炼、专业护理等。

❷ 专业美臀护理

现在，美容院里的美臀护理种类很多，有芳香精油美臀护理、高科技仪器美臀护理等。在专业的美臀护理过程中，美容师先要为你除去臀部肌肤的老化角质，接着配合精油等相关产品施以手工和仪器按摩，促进臀部血液循环和新陈代谢，紧实、滋润肌肤，增强弹性，预防或改善橘皮、松弛下垂症状，让臀部线条得到美化。同时，还能

通过使用美白或美黑化妆品达到改善臀部肤色的目的。

因此，有条件的话不妨定期到美容院接受臀部护理。尤其是因某些原因不能从事大运动量锻炼的女性，专业美臀护理就是比较好的选择。

③ 吃对食物，美化臀形

想让臀部变得结实，避免脂肪堆积、松弛与下垂，营养素的选择也很重要。许多女性都有上半身纤瘦但下半身臃肿的困扰，此时就得反省自己的日常饮食是否科学合理，是否摄取了太多不利于美臀的食物。

要想通过饮食来美化臀形，就要遵循以下的饮食原则。

减少动物性脂肪的摄取　动物性脂肪最容易囤积在人体的下半身，造成臀部下垂，破坏全身流畅的曲线，所以要尽量避免摄入过多的动物性脂肪。牛油、鸡油、鱼油、肥肉等含动物性脂肪偏多，应避免过多食用。另外，奶油、乳酪、蛋黄、红肉、动物的内脏等也是经常被我们忽略的动物性脂肪暗藏之所，食用过多自然无益。应尽量以含有大量不饱和脂肪酸的玉米油、橄榄油与葵花油来取代动物性脂肪，它们能让你兼顾美丽与健康。因此即使喜欢吃肉食，也最好选择热量低且营养丰富的海鲜或鱼类食物，可以促进新陈代谢与体内脂肪的消耗。

多吃富含纤维素的新鲜蔬菜及水果　如南瓜、甘薯、芋头、芹菜、菠萝、苹果等，这些蔬果的纤维素可以有效促进胃肠蠕动，减少便秘几率，进而打造纤瘦且健美的下半身。

适量摄取富含钾的食物　医学研究表明，足量的钾可以促进细胞新陈代谢，顺利排泄毒素与废物；当钾摄取不足时，细胞代谢会产生障碍，使淋巴循环减慢，细胞排泄废物越来越困难。加上地心引力影响，囤积的水分与废物在下半身累积，自然造成臃肿的臀部与双腿。解决这个难题有两个要点：减少钠与增加钾的摄取。过量的钠会妨碍钾的吸收，所以必须少吃太咸与太辣的食物，这些都是钠的来源。至于钾的补充，青菜、水果、糙米饭、全麦面包、豆类与花椰菜等这些食物都含有大量的钾元素，有助于排除体内多余水分，令你的下半身更窈窕。

多吃豆制品　像传统的豆腐、豆浆、豆腐脑、豆腐干都具有提臀的作用。

多喝水　水可以清除体内代谢废物，防止肿胀。专家建议一天喝水1~2升，而且最好喝白开水、纯净水或矿泉水，而果汁饮料会使你不知不觉中喝进不必要的添加物。

④ 日常美臀小贴士

　　除了从运动、护理、合理饮食等方面着手外，如果再注意从下面这些生活细微处做起，并长期坚持，就会收到更好的美化效果。

使用纤体产品　研究证明，某些外用纤体产品确实能达到减肥的效果，尤其是萃取自天然草本植物的纤体产品，它们所含的活性成分能促进肌肤微循环并减少脂肪堆积，从而达到纤体瘦身的目的。所以，如果你想让臀部脂肪减少些，可以选用适合的纤体紧肤霜、纤体凝露、纤体紧肤乳液、纤体精华露霜一类的产品。当然，在使用纤体产品前最好先沐浴，每周以磨砂产品去除多余角质和死皮，这样有利于纤体产品渗透，发挥更大的功效，而且要坚持每日早晚使用。

自己动手做美臀按摩　纤体产品虽具有一定的帮助消除堆积脂肪、抑制新脂肪生成、紧实肌肤的作用，但是，单靠产品本身永远无法创造美臀奇迹，需要与按摩相结合以促进下半身体液循环，并长期坚持，才能收到理想的美臀效果。可以每天沐浴后给臀部涂抹上一层纤体霜，然后以双手分别在臀部打圈的手法进行按摩，以促进血液循环，加速新陈代谢和脂肪分解，增强臀部肌肉的弹性，预防臀部出现肥胖纹，帮助改善或消除臀部橘皮组织。也可以选择含有减肥消脂作用的植物复方精油来按摩，例如，能帮助体内排除水分的葡萄柚精油，促进血液循环、使肌肉紧实的柠檬草精油，改善皮肤松弛状况、紧实肌肤的广藿香精油等。

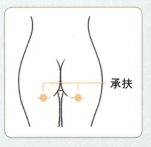

承扶

专家提示

按压承扶穴位可以美臀

　　按压承扶穴不但有疏经活络的作用，而且还能刺激臀大肌的收缩。此穴位置在两臀线底端横纹的正中央。特别要注意的是按压扶承时要分两段出力，首先垂直压到穴位点，接着指力往上勾起，才能充分达到效果。

平时养成给臀部涂润肤霜的习惯　不仅是脸、颈、手、足等肌肤需要滋润保养，臀部肌肤也一样需要，如此才会令其保持细嫩光滑。

夏天游泳别忘记给臀部涂防晒霜　很多女性夏天游泳时都知道给身体涂抹防晒霜，可是容易忘记给臀部也抹一点，以为有游泳衣遮挡就行了，其实，强烈的紫外线的穿透力是很强的，难免有晒伤之虞，尤其是臀与腿相连接处，如果涂抹不到，容易出现黑白分明的痕印。

洗澡时用冷热水交替冲淋让臀部皮肤更紧绷

⑤　影响美臀的生活习惯

■ 习惯一：不良坐姿

古人主张"坐如钟"不无道理，坐不好，不仅脊背健康及曲线会受影响，臀部也会随时间增长变形走样。比如，像软骨头似的倚靠在椅子上就是个很不好的习惯，因为倚靠时压力集中在脊椎尾端，血液循环不良，氧气供

给不足，自然影响臀部形状。此外，只坐椅面的1/3、1/2的习惯也不好，因为重量全集中在臀部一小块地方，长时间下来也容易变形。良好的坐姿是脊背挺直，双腿合并，不要张开（开腿姿势长久下来会影响骨盆形状）或翘二郎腿，坐满椅面的2/3，将重量分摊在臀部及大腿处。如果想靠在椅子上，最好选择能完全支撑背部的椅背。

■ 习惯二：长时间站立

站立太久，血液不易自远处回流，造成臀部供氧量不足，新陈代谢不好，不

利于塑身，还容易引起臀部下垂。同时要采取正确的站姿，即脊背挺直，缩腹提气，提肛，这样有利于收缩臀部。需要长时间站立的女性尤其应注意这点。

■ 习惯三：抽烟、喝酒、熬夜

抽烟、喝酒、熬夜等不良生活习惯与臀形绝对有关系，因为不良的生活习惯容易造成血液循环及代谢不畅、结缔组织松弛，当然就会影响臀部的丰盈圆润。因此，应养成拒烟、少酒、早睡早起、多运动的好习惯。

■ 习惯四：饮食口味过重

高热量、高甜度、口味重是现代人的饮食习惯，也是造成肥胖的主要原因，如果又不爱活动，臀部脂肪堆积就是理所当然的了。因此，饮食要低盐、低脂、高纤，可以防止水分和毒素滞留体内，影响体液循环。

⑥ 服饰美臀妙招

要借助衣服来美化臀形，须在弄清自己臀形的基础上依臀选衣，这样才可扬长避短，收到修饰美化臀部曲线的功效，对于臀部存在着某些缺陷的女性更应如此。

① 裙装美臀

能够调整和遮掩臀部缺点的服装，首推裙装和裙裤。选择原则如下：

大小适中、丰满而结实的臀部，由于紧挺上翘且富有弹性，穿衣着装一般不受限制，但为了充分显示美臀形态，可穿贴身短裙、紧身裙等，这样可以充分展现臀

图1　图2

部的健美。

　　臀部较宽大、丰满浑圆的女性适合穿A字裙、宽摆的裙或阔腿裙裤，这样可收到臀部缩小的视觉效果。不要选择贴身及直身的款式（见图1）。

　　臀较扁平窄小的女性适合穿里面加有衬垫或撑架的裙装，这样能够收到臀部变大变翘的视觉效果，改善缺乏立体美感的臀部曲线。另外，较为宽松或带褶的裙装也很适合，可以增添丰满的感觉。切忌穿紧身裙，否则会使臀部扁平的缺点更加突出（见图2）。

　　臀部下垂、腰部偏长的女性应选择松腰连衣裙，如果要穿贴身裁剪的裙子，则可借助长过臀部的外衣来掩饰，因为贴身的裙子会突出不雅的臀线，不宜直接露在外面（见图3）。

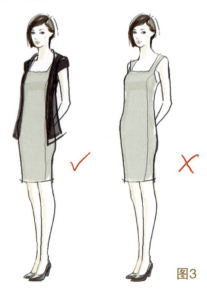

图3

2　束裤美臀

　　为了美化臀部线条，呈现上翘与紧

绷的效果，穿束裤是必要的。但束裤有长有短，分别适合不同臀型的人，我们该怎样选择适合自己的束裤呢？

依不同臀形，束裤的选择原则如下：

臀部偏大者 应选择裤裆较深的长形束裤，以包住整个臀部，并修饰腰线。千万不要选择尺寸较小的束裤，以免赘肉被挤出来显得不雅观。

臀部下垂者 臀部下垂的人通常大腿根处的赘肉也会下垂，所以在用束裤修饰臀形时，也必须考虑大腿的部分。建议选择面料结实、支持力强的长束裤。

臀部扁平者 此类臀型主要缺点在于腰部至臀部间的曲线缺乏立体感，所以必须穿有衬垫的束裤，臀部才能看起来挺立有型。

3 内衣美臀

内衣可谓是女性的"第二层肌肤"，合适的内衣不仅有助于美化体形，更是展现臀部健美的一种方式。在借助内衣来美化臀形时，要注意以下几点：

尺码大小合适 如果穿过小的内裤，臀部被挤压变形是可想而知的；过大的内裤又谈不上有包裹性。

裁剪合理 选择内裤时，第一经验是用手撑开，看看后片裁剪出的弧形是否足够。

伸缩性良好 内裤的基本功能在于包

容整个臀部，并且不影响人体活动。良好的伸缩性可使臀部在活动时也不会受到内裤的挤压而有紧绷感。

包裹性良好　穿上内裤之后，拉拉裤角，看看是否将臀部的整个边缘都包裹起来，如果确实能达到这一步，那么臀部一定无任何多余的畸形线条，让你无"后顾之忧"。

裙装颜色深浅VS臀的大小

　　至于裙装的颜色，臀大的女士宜深不宜浅，宜素净不宜浓艳，更不宜穿大图案及横条纹的裙子或裙裤；臀小的女士则宜穿浅色的裙装，因为浅色会给人扩散、面积扩大的感觉，而深色给人的是集中、面积缩小的感觉。

专家提示

小常识

健康穿着美体塑身衣须知

　　穿着美体塑身衣的确有很好的即时美化体形的效果，但如果穿着不当，会影响到身体健康。

须知一：美体塑身衣并非穿的时间越长塑形效果越好

　　长时间穿着会导致血液循环不畅，使人体基础代谢减慢。一天内穿塑身衣的时间不要超过8小时。

须知二：美体塑身衣并非越紧越好

　　穿着过紧的美体塑身衣不但会过分地挤压身体，影响正常的血液循环和呼吸，令肺部不能充分舒展，妨碍全身的氧气供应，导致身体疲劳、胸闷、脑缺氧，而且还容易引发一些疾病，比如：长时间穿着过紧的塑胸衣易诱发乳腺增生或囊肿等疾病，长时间穿着过紧的塑身裤可能伤及女性腹内重要脏器（如子宫、卵巢等），使生理功能受到伤害。尤其是未生育过的女性，穿过紧的塑身衣容易导致盆腔血液循环变差，严重者还会引起盆腔淤血和子宫发育不良甚至不孕等问题。

因此，购买美体塑身衣时要选择合适的尺码，不能为了追求过强的塑身效果而选择小一号的。

须知三：一定要选择透气性良好的美体塑身衣

如果透气性差，穿着后容易引起外阴处潮湿、分泌物聚积，助长细菌滋生繁殖，引发妇科疾病如阴道炎、盆腔炎等。有医学专家通过研究发现，不少妇科病与穿着不透气塑身衣有关。

须知四：第一次买回的塑身衣要洗后再穿

和普通内衣一样，新买的美体塑身衣要清洗后再穿，因为在制作过程中常常会使用多种化学添加剂，如防缩（多采用甲醛树酯处理）剂、增白（多采用荧光增白剂处理）剂等，这些化学物质不但对人体的皮肤有刺激作用，而且还不利于健康。

须知五：美体塑身衣要勤换洗

穿着中长时间不清洗的话会令身体所产生的的污物堵塞衣服的透气孔，引发细菌繁殖。

须知六：美体塑身衣并不适合所有女性

心脏病患者、18岁以下的少女（会影响发育）等群体不适合穿美体塑身衣。对于刚生完小孩的妈妈们来说，在恢复期一个月后，需经过医生的允许后方可以穿着。

注：选购美体塑身衣时除了要看产品标签，查看纤维成分和含量、型号尺寸外，还尤其要查看标签上是否注明"符合安全标准：GB18401-2003（《国家纺织产品基本安全技术规范》标准号）"或注明 "B类产品"。这是目前市场上所有的内衣都要符合的国家强制性执行标准。以防买到不合格产品，影响身体健康。

穿对内裤也美臀

不少女性在内裤的选择上比较盲目，不管自己的臀形如何，一味根据潮流风向或自己的偏好进行选购，比如：丁字裤流行时就只选择丁字裤以赶时髦，蕾丝低

小常识

腰内裤流行时就只选择蕾丝低腰，或总以漂亮的花边和诱人的颜色为选择标准等，这样其实是不对的，内裤没穿对反而会暴露臀形不完美的缺点，而且还易给人不雅感。因此，我们一定要根据自身的具体情况选择适合的内裤，以达到修饰臀部曲线的美臀效果。

根据腰部设计的高低划分，内裤通常可分为高腰、中腰、低腰内裤。

高腰型

高度在肚脐或以上，穿着较舒适，兼有保暖效果，

适合者 适合腰、腹、臀部无松弛赘肉及爱好运动的女性。

不适合者 腰、腹部有松弛赘肉的人不适合，否则会将腰、腹部勒出痕印来，反而破坏腰、腹部曲线。

配穿衣服 带有蕾丝边的高腰三角裤尤其适合配穿夏季薄裙及薄裤，不会露痕；纯棉的高腰三角内裤很适合外穿健身短裤时穿着,不会在胯部出现露底的尴尬。不适合配穿中、低腰裤及裙子，否则容易暴露出来。

注：含莱卡成分的高腰美体型长内裤对臀部下垂的女性提臀修形效果较好，这种款式的内裤和传统的束裤最为相似，腹、臀部采取立体设计，很适合想要借助内裤收腹提臀并令过粗的大腿显瘦的女性。可配穿高腰长裤、长度过膝的高腰裙或连身裙，但不太适合配穿长度在膝以上的短裙，否则坐下时容易暴露出内裤的边缘。开高衩的长、短裙同样有这个问题，因此也要避免。大腿过瘦的人不适合这种高腰长内裤。

中腰型

高度在肚脐以下8厘米内，也称为平腰型，是最常见的内裤款式，穿着后舒适感与高腰型内裤类似。

适合者 几乎所有体形都适合。

不适合者 腰部容易受凉的女性最好避免。

配穿衣服 穿着时除了要避免配穿中腰及低腰设计的

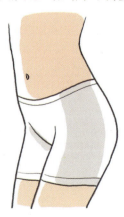

裙、裤外（容易在高抬手时令内裤的腰线显露），可任意配穿其他所有裤装和裙子。

提示 中腰平角内裤对于想要借助内裤美化臀、腹曲线的人也不适合，因为这种内裤没有采取特殊的切割裁缝方式，没有特别的支撑力，不具有压平腹部、提升臀部的效果。

低腰型

高度低于肚脐以下8厘米，一般较为性感的内裤多为此款式。

适合者 臀部偏瘦的人都适合。

不适合者 臀部比较肥胖的人不适合，否则穿后会勒出痕印来，还会有要往下掉的感觉。

配穿衣服 这种款式的内裤由于腰线低，可任意搭配所有裤装和裙子。

提示 最好不要长期穿着束缚感较好的紧身低腰内裤，因为容易造成腰与臀部间的几段式外观。

丁字型

这种性感"迷你"型小内裤后片部是嵌入臀部内的超细条设计，穿着后舒服、轻松，但不具有提臀和塑形的功能。

适合者 适合臀形浑圆上翘且较丰满的年轻女性。

不适合者 臀部过于丰满或对自己的臀形不自信的女性不适合。

配穿衣服 适合配穿质地软薄、比较贴身的紧身长裤及裙子，可以避免内裤的线条感凸显，破坏臀形的表现。

注：长期穿着这种无塑臀效果的丁字裤容易导致臀部下垂。

169°

PART 8

腿之美

　　拥有一双曲线优美的玉腿，无形中也就拥有了妙不可言的性感和妩媚风情，莫文蔚的那双令众男性目光流连、众女性心羡不已的美腿就为她增添了无限柔媚之情，正所谓"美不美，看双腿"。

一 腿之美标准

　　作为女人性感根基的美腿是有审美标准的，不但要看其长短粗细比例如何，还要看其形态及肌肤质地怎样。因此，美腿的衡量标准包括以下三个要素：形态美、肌肤美、比例美。

❶ 腿的形态美

　　腿的形态美首先体现在腿形上，即大腿应丰满，小腿肚应浑圆适度，脚跟应结实，踝部应细而圆。

　　理想优美的双腿在并拢时，双腿间只有四点接触，即大腿中部、膝关节、小腿肚和脚跟，这样的双腿所形

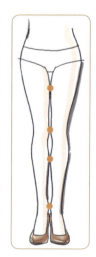

成的既有接触又有间隙的姿态，才能构成丰隆有致、健康明朗的腿形之美。换言之，看一个人的腿形美不美，要看其两腿并拢时大腿内侧肌肉是否能够相切，大腿根到相切处应该有一个大空隙，大腿靠近膝盖上部也有一处空隙；小腿部分应有两个空隙，一是膝盖下面的空隙，二是小腿肚到内髁骨间的空隙。从侧面看，乳头、膝关节的中点以及脚脖子的中点这三点如果能够在同一条直线上，那么这样的腿就最有形态美。

② 腿的肌肤美

在中国人的审美观里，女性的腿应该有着洁白如玉的肤色、滋润柔嫩及光滑细腻的肤质、厚薄适中的脂肪和良好的弹性，体现出生命的活力，方能美其名曰"玉腿"。

研究表明，理想的有魅力的大腿外侧脂肪厚度为3厘米，内侧脂肪厚度约为2.5厘米，超过或小于这个标准都会影响腿的美。

③ 腿的比例美

从比例上看，大腿应短而小腿应长，大腿长度一般应为身长的1/4，其围径比腰围小10厘米，小腿应为两个头长，小腿围径比大腿围径小20厘米。

膝盖是足底至肚脐间的黄金分割点，肚脐是头顶至脚踝的

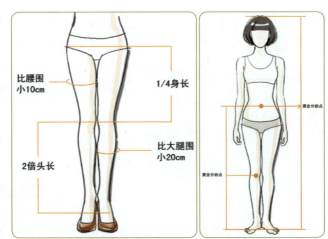

黄金分割点，合乎这个比例，一双玉腿就被认为是修长匀称而且美的。

🔍 链 接　interlinkage

美容专家眼里的美腿等级评定标准

在长期从事美容、美体研究的专家们眼里，腿的美丽是可以进行等级划分的。

A.大腿

根据大腿的围长、皮下组织、皮肤弹性等情况，大腿的美学等级评定如下：

+++级　粗细适中，线条优美，围长中等或偏上，皮肤弹性好，无脂肪堆积。

++级　粗细适中，围长中等，皮肤弹性好，无脂肪堆积。

+级　围长中等，皮肤弹性好，触摸时脂肪不明显。

±级　围长中等，皮肤弹性尚可，运动时可见脂肪。

–级　大腿粗，在任何情况下都能见到脂肪，皮肤弹性差。

– –级　大腿粗，有明显脂肪，或过度干瘦。

– – –级　大腿粗，臃肿，脂肪多，皮肤弹性差。

B.小腿

根据小腿指数（将小腿长度乘以100再除以身高后所得的数字）、小腿围径（小腿肚围长）、腿肚外形等要素，小腿的美学等级评定如下：

+++级 小腿指数至少为26；腿肚鼓凸适中，呈纺锤形，两腿并拢时其间距不大于1厘米。

++级 小腿指数至少为23.5；腿肚鼓凸适中，基本呈纺锤形，两腿并拢时其间距不超过2厘米。

+级 小腿指数在22～23.9之间；腿肚圆润，两腿并拢时其间距不超过3厘米。

±级 小腿指数至少为22；腿肚较小，两腿并拢时其间距在4厘米左右；或者腿肚很圆，间距小于2厘米。

−级 小腿指数在20～22之间；腿肚瘦削，两腿并拢时，其间距在4厘米以上；或者腿肚很大，间距在3厘米以下。

−−级 小腿指数在20～21.9之间；腿肚很瘦削，几乎无隆起，两腿并拢时其间距在3厘米以上。

−−−级 小腿指数低于21.9；腿肚很厚很大，两腿并拢时无间距。

三 腿的测量和理想尺寸计算

① 长短及粗细测量

大腿 大腿长度应从臀围处垂直量至膝盖处（至膝盖骨中间止），粗细测量从大腿长度的1/2处绕圆周一圈。

小腿 小腿的长度应从膝盖骨（以膝盖骨中间为起点）量至脚底（以站立时的

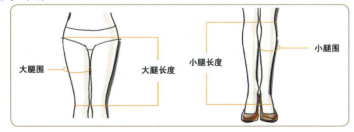

大腿围　　大腿长度　　小腿长度　　小腿围

姿势为准），粗细即是腿肚处的围长。

② 美腿理想尺寸计算

大腿的理想尺寸=身高（cm）×0.29~0.31

小腿的理想尺寸=身高（cm）×0.2~0.21

脚踝的理想尺寸=身高（cm）×0.118

你的腿部尺寸到底如何？符不符合标准？赶快动手测量一下就知道了。

美腿理想尺寸参照表（单位：cm）					美腿理想尺寸参照表（单位：cm）				
身高	腿长	大腿	小腿	脚踝	身高	腿长	大腿	小腿	脚踝
150	68.3	46.5	30.0	18.0	163	74.2	50.5	32.6	19.6
153	69.6	47.4	30.6	18.4	165	75.1	51.2	33.0	19.8
155	70.5	48.1	31.0	18.6	167	76.0	51.8	33.4	20.0
157	71.4	48.7	31.4	18.8	170	77.4	52.7	34.0	20.4
160	72.8	49.6	32.0	19.2	173	78.7	53.6	34.6	20.8

三 美腿进行时

腿的粗细及皮肤、肌肉状况完全可以通过专业护理、日常保养、健美锻炼、调整日常不良姿态、合理饮食等方式来加以改善。不仅如此，我们还可以通过巧妙着装（裤、裙、袜、鞋）来扬长避短，令粗细长短不够理想的双腿得到美化。

① 专业护理美腿

"到美容院里去美腿"，这是如今很多都市女性的必修课，尤其是每天都要久坐8小时的白领一族，因为运动时间少，久坐之后难免产生浑身不舒服的感觉，很多人便会借午休时间去美容院做做护理，她们多会选择可以美化腿部、保持腿部曲线的腿部护理。

美容院美腿项目众多，时下比较流行的有芳香推油美腿、仪器美腿、磁疗刮痧美腿、淋巴排毒美腿等等，这些项目各有特色，专业美容师一般会根据你的个体特质制定护理疗程，比如：针对腿部循环不畅、易浮肿而影响腿形美的情况，通过淋巴排毒护理就可以得到较好的改善；对于腿部肌肉比较发达的情况，则要通过使用能促进肌肉运动的仪器来改善；对于腿部肌肤橘皮组织较多或松垮的情况，则需要手工和仪器按摩相结合的护理来改善。

一些美容院将美腿项目分得很细，比如从小腿、膝盖、大腿实行分段收费护理，不同细节部位又分为脱毛、美白、收紧、去橘皮等。细节化的服务，可以满足更多想美化到细节处的人的需求。

❷ 日常居家护理小贴士

要拥有一双纤纤玉腿，仅仅依靠专业护理是不够的，如果再配合日常家居护理，可以收到更理想的美化效果。

1 居家按摩美腿

"推敲"瘦腿按摩法

准备一张高度合适的椅子，坐好后，将具有减肥功效的美腿霜均匀地涂抹在腿上，按从下向上的顺序按摩。

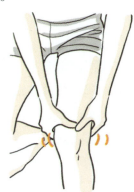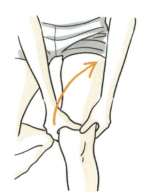

小腿 把一条腿抬高90度，并以拳头拍打小腿，每条腿约做5分钟。再由下往上按摩小腿，重点按摩小腿胫骨一线、足三里、膝盖下方的淋巴，这样按摩可以促使腿部淋巴循环通畅，避免因阻塞而造成浮肿。然后一腿伸直，另一腿微屈，以两手掌由脚跟以"之"字形方向按摩小腿两侧，左右各做5分钟。

膝盖 以由左右向中间挤的手法按摩。

大腿 双腿微屈而坐，双手掌放在大腿两侧，由膝盖至大腿根、由中间往两侧的方向按摩15分钟（对于脂肪较厚的大腿可用双手像扭毛巾那样向不同方向扭按）。两腿紧合伸直，两手握拳，在大腿外侧由膝盖轻捶至大腿根，两腿各做15次。

点穴瘦腿按摩法

刺激、点按腿部的某些穴位也能促进体液循环、防止浮肿，收到瘦腿的功效。主要有以下几个穴位：

三阴交

位　置 内脚踝上方四横指宽，骨头后缘凹陷处。

功　效 预防浮肿。

承山

位　置 微微施力踮起脚尖，小腿后侧肌肉浮起的尾端即为承山穴。

功　效 防止腿部积存废物，使腿部线条柔美。

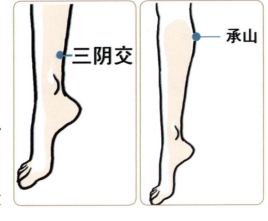

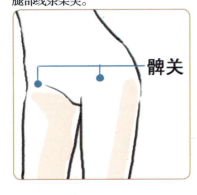

髀关

位　置 位于大腿根横纹的正中点。

功　效 主治大腿内侧的肥胖。

风市

位　置 站立时双手自然贴于大腿两侧，中指所在之处即为穴点。

功　效 运化水湿，调节胆经功能。

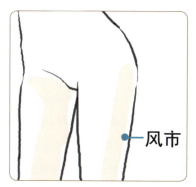

风市

小提示 久坐的人往往会觉得腿部肿胀，原因就是腿部血液和淋巴液循环差，而间或的按摩可以促进循环，预防因毒素及多余水分积聚过多而造成浮肿型胖腿，办公室女性尤其要注意这一点。每次沐浴后进行按摩效果则更好。

粗盐美腿术

这是一种操作非常简单的瘦腿方法，利用粗盐发汗的功效，配合按摩促进身体新陈代谢，帮助排出体内废物及多余水分，对浮肿腿尤其有效。

具体方法 在每次洗澡前，取一杯份的粗盐加上少许的热水拌成稀糊状（涂抹在身上不会脱落的程度），再把它涂在腿上，开始由下往上以打圈的方式按摩，大约10分钟后，再用热水把粗盐冲洗干净，之后再淋浴或泡浴。

小提示 如果你的肌肤比较敏感，无法使用一般的粗盐，可以购买一种比较细的沐浴盐来用。

2 日常生活中的美腿小细节

美成就于细节中，腿的美也如此，某些不良的生活习惯会影响腿的美，如果我们在日常生活细节上能遵循以下六要六不要原则，能有助于美化腿部线条。

为了适应重心的改变，身体会自然调整到一种姿势以保持平衡，在自己都还没发现的情况下，可能你的肩膀就倾斜了，腿形就弯曲了，所以，平常背包要养成换边背的习惯，站的时候重心放两脚掌上，除了必要的正式场合，尽量避免穿高跟鞋，以维持重心稳定、平衡。

专家提示

专家
提示

走路时走姿是否正确很重要，走姿正确既能增添仪态美，又有助于保持体形。正确的走姿为：

抬头挺胸，收腹提臀，背部挺直放松，膝盖伸直，上半身不摆动过大的弧度，双臂自然摆动，腰胯微扭，利用腰部及腿部的力量向前如循一线地迈步，双脚走在一条直线上。迈步时身体自然向前挺，脚尖向前方，重心由腿移向脚尖，脚趾不要向内翻或外翻，脚跟先着地，脚趾稍微抬起，不要向前冲，然后再过渡到脚的中部着地，最后到前脚掌。抬前面的脚时，后脚脚尖不可离开地面，膝关节要伸直，保持身体抬高的姿势。

还要注意的是，在把身体重量从后脚移向前脚时，步伐一定要柔和轻快，稳健有力，不使脚步跳跃不定和臀部摇摆。步态要均匀一致，着地重力相同，沉稳而有节奏。迈步时腿要伸直，膝盖正对前方，膝关节灵活富有弹性，屈伸自如，不能紧张僵直。

要多走不要多站　多走路是纤腿的一大有效方法，每天尽量腾出30分钟的时间走路（上下班或买东西），以有点喘又不至于流汗的速度前进，可以达到瘦腿的效果。记住千万不要久站、久坐、久蹲，否则易造成下肢血液循环不畅，时间久了不仅让腿部看起来肿肿的，严重的话还会产生静脉曲张的问题。

要正不要翘　平日的坐姿也与腿形有关，标准的美丽坐姿是"与椅子的形状一样"。长时间坐在办公室里的女性，腿部较少有机会得到伸展，所以要注意正确的坐姿以及坐着时腿部的活动。

正确的坐姿为，脊背与椅子的靠背吻合，背部肌肉自然放松，身体和大腿、大腿和小腿呈90度直角。两膝应很优雅地并拢，向前或向侧摆放即可。

要平不要斜 重心要平衡。喜欢站三七步、背包常常背一边的女性尤其要注意这一点，因为长期重心不平衡也会造成腿形不美。

要睡眠充足不要熬夜 睡眠时间不足，除了会影响到皮肤，也会影响身材。每日的睡觉时间应约8小时。熬夜、睡眠不足会令身体的新陈代谢减慢，使体内的毒素和多余废物较难排出体外，腿部容易出现水肿肥胖的现象。

要硬不要软 太过柔软的寝具睡久了会导致骨盆歪斜，让骨骼形状改变而影响腿形。另外，长期弯曲股关节、屈膝的侧躺睡姿容易造成臀部突出、骨盆歪斜的现象，也会影响腿形的美。

要多泡澡不要草草冲淋了事 入浴不要草草了事，应该多进行温水泡浴，热水浸泡半身浴不但能松弛神经，更可加速血液循环，达到消脂的效果。

　　泡浴时水温应在42℃～45℃，温水浸至胸部，坐入水中3~5分钟。重复这个过程4~5次，便可大量排汗，令下半身的热量消耗掉，使腿部的肌肉更结实。

❸ 运动美腿

　　如果平时缺少运动或运动方式不恰当，饮食又无控制，容易导致腿变粗，因此，平时多进行恰当的健身锻炼很有必要。

　　腿的粗细是由腿部肌肉体积大小和脂肪多少决定的。快速力量性的健美锻炼，如短跑和举重主要是快肌纤维参加工作，可以使肌纤维的横断面增粗，肌肉群变得发达、粗壮；而游泳、骑自行车和

长跑等耐力性运动，主要是慢肌纤维参加工作，由于慢肌纤维周围毛细血管较为丰富，氧化脂肪的能力较强，收缩时能消耗较多的脂肪，所以，经常从事长时间的耐力训练，有助于使两腿变得修长而匀称。

小常识

怎样给膝部减肥？

很多女性的膝部由于脂肪积聚或赘肉过多而显得浑圆臃肿，破坏了美腿的线条，对此，健身专家给出的建议是：多进行活动膝部的运动，如慢跑、健身操、跳高、跳远、游泳等，并在运动过程中有意加力，这样可使膝部聚积的脂肪加速消耗，最后使膝部周围的赘肉变得结实。做法如下：

有条件的女性不妨每天爬山登高，循序渐进，由每天十几分钟增加到几十分钟，增加上下台阶的次数和速度。在爬山登梯时注意尽量使膝部关节发力，让整条腿蹬直。

变换姿势跳绳。跳绳不受天气、时间、环境的限制，随时随地可以进行，但必须注意不断变换姿势，不让双膝冲击力太强，这样膝部既得到锻炼又保证了安全。

游泳。游泳是女性美腿美膝最为立竿见影的运动，不会因运动量大而给膝部造成损伤，其中以蛙泳的效果最为快速明显。

坚持做膝部运动。白领女性可利用工作时间做屈膝运动，如下蹲运动，双腿并拢蹲下，起来。蹲后要尽量用膝部关节发力托起身体，每次连续蹲30次，每天坚持做3次。

经常按摩或拍打膝部。力度要适当，坚持按摩或拍打可加速膝部的血液循环，有效减少脂肪的堆积。

1 大腿粗的运动方案

减肥难，大腿减肥更难。为此，建议大腿粗的女性应从以下三方面着手：

第一：进行大腿减肥的全身运动 当你进行以全身减肥为目的的锻炼时，全身各个部位包括大腿在内都会得到锻炼。能使大腿和臀部得到锻炼的最有效的增氧健身运动是行走、骑自行车、越野滑雪、爬楼梯等。

第二：尽量多做伸展运动 伸展运动是使大腿健美的最有效的一种方法。具体做

小常识

跑步和游泳对瘦大腿作用大吗？

跑步虽然也是消耗热量的好方法，但对于大腿很粗胖的人来说却不是最佳选择。因为这些人会发现跑步很艰难也很不舒服，就不愿意坚持下去。而采用行走与跑步相结合的方法就好得多。当不感到艰难时，可以适当增加跑步而减少行走。

游泳虽然也是一项全身性增氧运动，但游泳对瘦大腿的作用不是太多。如果你想在游泳池中健美大腿，可以在浅水中行走，或者穿着救生衣在深水处行走，水的天然阻力会使你的大腿得到强有力的锻炼，而这种水中锻炼效果是在地面上所得不到的。

专家提示

锻炼中的三点注意

◎　从选择容易进行又无不良反应的锻炼强度开始，以后可以逐步增加时间和强度，但每周平均增加的锻炼时间不应超过20%。自我检测锻炼强度的最好方法是锻炼结束1小时内身体能恢复正常。

◎　坚持"33"原则，即每次锻炼至少30分钟，每周至少3次，才能达到瘦大腿的效果，因为脂肪是在运动30分钟后才开始燃烧。

◎　不要一味强调运动强度。坚持中等以下及中等强度的锻炼，即达到最大锻炼强度的60%，可以消耗更多的脂肪。如果你觉得维持这种锻炼水平有些吃力，可以先从小运动量开始，然后再慢慢加强。还可以在锻炼强度和时间上灵活变化，比如，当锻炼强度较低且较容易进行时，可增加锻炼的时间，其道理是，就消耗脂肪的情况来说，行走1小时和跑步20分钟的效果是相同的。

法如下：

　　两臀下垂，一腿屈膝下蹲，背部保持挺直，另一腿向后伸直至与地面平行；或者在同一位置，另一条腿向侧伸直，直至与身体成90度角。试着每一条腿做3组（每组10次）。

　　伸展运动还可以在身体侧卧时进行。侧卧进行的方法是，在床上或地板上身体平直地侧卧，一腿紧靠地板，另一腿向上抬起，直至该腿与身体成45度角；然后将腿以45度角支撑在一个桌子或椅子上，再抬起紧靠地板的另一条腿与之并拢。这种锻炼能同时增强大腿的内外侧肌肉，从而保持大腿的平衡性和对称性。

第三：经常做大跨步走运动　在掌握了伸展运动后，可以试着做大跨步走的运动，即向前大跨一步，直至后膝离地面15厘米左右，然后再向前迈另一腿。开始时最好每条腿做两组，每组做10次，然后逐渐增加次数。这种锻炼的好处之一是：可以改变肌肉的松弛状态，令腿在外形上显得更健美。

特别推荐：1分钟大腿瘦身操

瘦整个大腿　以立正的姿势站立，两手放在身体两侧，弯曲膝盖，两手碰触脚趾（此时不要太用力），注意不要弯曲背部肌肉，只弯曲膝盖，持续3秒钟后再轻轻回到原来的姿势。刚开始做的时候，以10秒钟做3次为目标，习惯后再加速。（图1）

腿

之

美

x i a o

腿

f e i

t a i k i n g

a b o u t

t s h o

p i n g

图1 图2 图3

瘦大腿内侧 从立正的姿势开始，将右脚向前跨一步，轻弯膝盖，两手叉在腰上，跳起的同时左右脚互换（此时注意背部要挺直），边数节奏边跳起来两脚互换。刚开始做的时候以10秒钟做10次为目标，习惯后再加快速度。（图2）

瘦大腿内外侧 以立正的姿势站立，右脚伸直向右抬起，同时左手伸直向左抬起。此时，注意身体的平衡，诀窍在于腿部要使劲。轻轻回到原来的姿势，另一侧同样做一遍。这个动作持续时间大约2秒钟。刚开始做的时候，以10秒钟做5次为目标，习惯后再加快速度。（图3）

2 小腿粗的运动方案

小腿的形态、功能与小腿后侧的肌肉有密切的关系，因此，要改变小腿的形态和有效地提高功能，关键是要使小腿肌肉得到锻炼。以下这些方法都可以锻炼到小腿后侧的肌肉，美化小腿线条。

床上运动瘦小腿法

将枕头夹在小腿中间，坐在床边，大、小腿成90度角。缓缓抬起小腿，保持这个姿势3秒钟左右，然后放下，重复动作10~15次。（图4）

平躺在床上，两手撑住腰部后方，将双腿往上抬，两只脚在空中做踩脚踏车的动作，做50~100次。可反复进行。

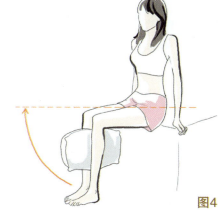

图4

仰卧，直视天花板，膝盖不要弯曲，两腿并紧，抬起，向胸部贴近，然后落下，重复此动作15次。

坐姿，两腿与地面平行，右腿抬起，两手握足，额头力争触及小腿；然后换左腿，两腿交替进行30次。

仰卧，两手叉腰，两肩着地，用力上抬臀及腰背部，右腿伸直，左腿屈膝，两腿交替进行10次。

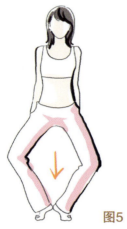

图5

办公室瘦小腿法

站立时，先提起一只脚成90度角，然后用另一只脚的脚尖撑起全身，接着缓缓落下，每只脚做10次。

两脚呈外八字站立，脚跟并拢，两脚之间呈90度，踮起足跟，小腿用力收缩，做下蹲站起动作，每次运动量以感到小腿酸胀为止（约3分钟）。（图5）

坐下，小腿肌肉放松，用双手掌搓小腿肌肉，手法宜轻柔，每次2～3分钟。

爬楼梯瘦小腿法

爬楼梯时，一步跨两级，尽量将重心移向前面的腿。（图6）

拍打法

如果小腿肌肉比较紧绷的话，要瘦就比较困难，所以瘦小腿的第一步就是打松结实的小腿肌肉。平日可坐在地上，将一只脚抬高，以拳头捶打小腿，每边可做5分钟。也可先用浴盐按摩或浸

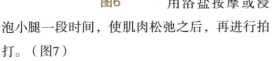

图6

图7

泡小腿一段时间，使肌肉松弛之后，再进行拍打。（图7）

第八章
腿
之
美
x i a o
R e i t o t a i k i n g
a b o u t s a o d u

踮脚运动

踮脚运动可以刺激小腿肌肉，并消除多余赘肉，让小腿肚变瘦，使线条柔美。方法为：坐在椅子面约1／3处，脚尖置于高起的平台上（10~20厘米高），脚跟尽量向下压。接着踮脚，小腿用力，脚跟尽量提高，并快速重复做。如果在膝盖上放置重物（比如几本书）效果更好。要尽量多做，运动时需有韵律感。

腿部打圈

仰卧，腹部收紧，双手置于身旁，肩膀放松。右腿弯曲并将脚掌平放在地面上，左腿伸直，尽量向上提高，轻轻伸直左脚脚尖并保持挺直，然后顺时针转10个小圈，接着逆时针转10个小圈，然后换右腿重复做上述动作。转动腿时，臀部和小腿会有拉紧的感觉，大腿内侧亦会随之收紧，因此，美腿效果很好。每星期做2～3次，每次20～30分钟，坚持6个星期就可见效。

利用台阶或踏板瘦小腿

站在台阶或踏板等有高度的地方，脚跟朝外站立，手扶墙壁或用手支撑身体。开始吸气，接着呼气，在呼气的同时大腿使劲，慢慢踮起脚跟，感觉小腿肚最紧张时停止动作，开始慢慢呼气。吸气后，再次呼气的同时放下脚跟直到大腿部位酸痛。尽量反复做10次。

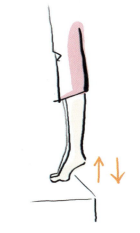

脚后跟走路

每天起床后或睡前，使用脚后跟走路，走的时间可根据自己情况而定。用脚后跟走路可以提臀、瘦小腹、瘦小腿，同时还可以锻炼大腿的内侧肌，减少大腿内侧的赘肉等等，可谓一举多得，尤其适合现在忙碌的上班族。

运动方法是　先把手交叉放在身后或脑后，挺胸，只用脚跟着地，此时脚尖尽量向上抬起，避免臀部翘起，刚开始脚跟也许会刺痛，这表明你更需要做此运动，尤其对常穿高跟鞋的女性特别重要。而且，用脚跟走路还可以促进体内的循环，有利于全身减肥。

专家提醒　进行这种运动时可以放一段进行曲或恰恰舞的音乐，既可加强走路的速度和节奏，又可增加乐趣，就算多做一点也不觉得累。

脚掌划圈瘦脚腕

脚掌划圈这个动作具有让脚腕变细、双腿变美的效果。方法是：腿伸直坐着，脚跟及膝盖并拢；以脚跟为轴，脚掌慢慢地用力向左右划圈，各做10～20次。注意脚跟必须并拢，并伸展双脚，膝盖内侧尽量紧贴着。

其他瘦小腿运动

除了以上介绍的简单易行的瘦小腿运动外，下面这些运动也有很好的瘦小腿作用。

溜冰　溜冰是有效调节腿部肌肉的运动，因为运动者的双脚经常要向前及向侧推动，可锻炼小腿肌肉。每天可到公园玩滚轴溜冰30分钟，不断提高动作难度，如进行俯身及上坡滑行等。

拳击　拳击运动中的侧踢及扫踢，对收紧腿部肌肉都有很大作用。

芭蕾舞　芭蕾舞中的所有跳跃动作都可对双腿发挥奇妙的功效，因此，有兴趣的话可报名参加芭蕾舞班。

跳绳　跳绳时，脚跟不着地，交替进行单脚及双脚齐跳，每隔一分钟转换一次，每次跳10~15分钟。

为何腿会越练越粗

许多女性都希望通过体育锻炼把腿变得纤细些，可不少人却越练越粗，这主要是因为没有掌握好锻炼的要领。

腿的粗细是由腿部肌肉体积大小和脂肪多少决定的。快速力量性的健美锻炼，如短跑和举重等主要是快肌纤维参加工作，可以使肌纤维的横断面增粗，肌肉群变得发达、粗壮；而游泳、骑自行车和长跑等耐力性运动，主要是慢肌纤维参加工作，由于慢肌纤维周围毛细血管较为丰富，氧化脂肪的能力较强，收缩时能消耗较多的脂肪。所以，经常从事长时间的耐力训练，两腿和体形都会变得修长而匀称。

专家提示

④　为美腿去瑕疵

洁白无瑕的腿部肌肤总能带给人视觉上的愉悦享受，但事实上，并非每个人腿部的肌肤都能白嫩无瑕，或有疤痕，或有淤青，或有静脉曲张等问题。

■ 腿部有瑕疵怎么办？

如果腿部有瑕疵，比如疤痕或者淤青，可以选择偏黄的遮瑕膏用按压的方式大面积涂抹，再选择颜色深一点的蜜粉饼，以按压方式涂抹上，让颜色均匀即可。

■ 腿部出现静脉曲张怎么办？

静脉曲张也就是所谓的"浮脚筋"，腿部肌肤表面有粉红色、蓝青色的血管浮出，严重者还会有抽痛、酸痛等不舒服的感觉。对于这种问题，预防重于治疗。其实，经常性地做些简单的抬腿动作就能让你远离静脉曲张，此外还可以借

助医疗弹性袜来帮助末梢血液的回流。如果是已经严重影响到美观的静脉曲张问题，可以去医院做注射液化剂或镭射治疗，至于哪种方法最适当，医生会根据你的血管粗细及范围大小而定。

小常识

什么是静脉曲张？

血液向下流久了，末梢静脉被不正常撑开，导致静脉的瓣膜出现问题，末梢血液回流到心脏的功能受损，静脉曲张问题就产生了。

静脉曲张的现象常常会发生在久坐、久站者身上，如办公室文员、护士、空中小姐、专柜小姐等。另外，孕妇因为怀孕后期体重增加、双脚负担大，也容易出现静脉曲张。

什么是医疗弹性袜？该如何正确穿着？

医疗弹性袜是指一种主要具有保养及治疗保健功能的弹性袜子，穿着后可促进血液循环，减轻腿部肿胀及疲劳感，预防静脉曲张，适合静脉曲张患者、孕妇及需长时间站立或久坐的人。长期穿着还有美化腿形的效果。

这种袜子依效能强弱一般可分为四个等级：

A级 保健预防型，适用于腿部肌肤的保养。

B级 轻度治疗型，适用于初期的静脉曲张患者。

C级 中度治疗型，适用于长时间站立或久坐者及静脉曲张症状比较严重的人。

D级 重度治疗型，适用于严重的静脉曲张患者。

医疗弹性袜一般在卖医疗器械的商店可以买到，网上也有不少卖家。可根据自己的需要选购，购买时也可请专业销售人员帮忙推荐。

穿着医疗弹性袜要掌握正确的穿法

穿时采取平躺的姿势（最好是早上起床前），将腿抬高过心脏，15分钟后再动手开始穿着，具体穿法与一般丝袜相同：两脚先套进去，再左右轮流、慢慢平顺均匀地往上卷拉至腰部；穿好后将有褶皱的部分抚平，以免对皮肤造成压力；袜子顶端也不要有卷曲的情形，否则会让血液滞留，导致水肿。

当然，穿脱时都和普通丝袜一样需要小心提防指甲、戒指等挂破袜子。

这种袜子要长期坚持穿着效果才理想，半途而废或断断续续地穿着会使效果大打折扣。

⑤ 衣饰美腿高招

一双美腿如果洁白修长已经很惹人羡慕了，如果再注意一下着装，更是锦上添花。对于天生腿形不够理想、稍微有些美中不足的女性来说，还可以通过巧妙穿着来弥补一些缺憾。

1 美腿与裙子的亲密关系

图1

图2

图3

大腿粗者这样穿裙子　穿裙子时注意不要穿太合身、包住双腿的款式（如包臀及膝裙），而下摆较宽的裙子、百褶裙、A字裙、拖地长裙、长及小腿肚的鱼尾裙都可以掩饰大腿粗的缺点，长度能掩盖大腿的连身裙也不错。（图1）

小腿粗者这样穿裙子　长裙是最好的选择，且长度最好在小腿肚下；连身长裙也不错，但切忌太过飘逸的布料，以免贴身。（图2）

腿较短者这样穿裙子　选择裙装时要注意以下原则：下半身的线条越简单越好；太过花哨的布料如印花、格子等会使下半身显得更短；如果选择连身长裙，长度不妨在膝盖处，不宜太长或太短。（图3）

腿形对裙长有特殊要求

　　裙子长度对腿部美丽程度的影响不可小瞧，长度适宜的话可以扬长避短。如果双腿修长匀称，短裙长裙可随意穿，因为双腿的每一部分都有美感；如果双腿肥粗，又是在小腿中部或是接近踝部才细下来，裙长就应到小腿中部或是踝部；如果是大腿粗、小腿细的萝卜腿形，齐膝或稍高于膝的裙长就最合适。到底怎样知道哪种长度的裙子最适合自己呢？这里有一个原则，即适合你的裙长应该刚好在你腿部最美的部位。

专家提示

🌸小常识

O形腿、X形腿美化攻略

O形腿美化攻略

　　有不少女性常常为自己的O形腿（指双腿笔直站立、双足内踝部靠拢时两腿之间有缝隙）而犯愁，因为这严重影响到整体的外在美。其实，O形腿的人完全可以巧借衣服来掩饰腿形的缺陷，轻微的O形腿还可通过锻炼来矫正。

巧借裤子美腿

　　O形腿的人选择裤子时要注意以下三点：

图1　　　　　　　　图2　　　　　　　　图3

第一　选择宽松、直筒型裤子，这样的裤型能让双膝看起来靠得更紧密，而小口或喇叭形的款式只会让腿形看起来更怪；（图1）

第二　面料质地要垂顺，这种质地的直筒裤子可带给人笔直的纵向线条感，从而拉长腿部线条，让双腿看起来笔直且修长；（图2）

第三　裤子面料最好带有不超过拇指宽的竖条纹，这种竖条纹更能对O形腿的"O"

形线条进行适当纠正，同时拉长腿部线条，所以掩饰和修正效果更理想（带有中裤线的裤子也有此效果）。（图3）

　　另外，穿着裤子时再搭配一双高跟鞋，腿部线条看起来会显得又细又长，更给人亭亭玉立之感。

巧借裙子美腿

　　O形腿的人不要以为自己与裙子无缘，只要选择得当，照样可以将腿形的缺陷完全掩饰在裙裾之下：

　　穿及地长裙，既能达到理想的掩饰效果，而且还能带给人婀娜感；

　　如果实在不喜欢穿长裙，则可选择长至小腿肚的中

小常识

长裙或及膝裙。不过，穿及膝裙时还需借助腿袜来掩饰，方法是：选择长度能到小腿中部的中长腿袜，即腿袜长度刚好在O形腿最弯处，便可掩盖一部分膝盖到小腿过渡的曲线，把小腿衬托得直一些，从而减弱视觉上的O形感。如果选择带有细条纹的腿袜，效果更理想。裙子也不要太短，如几乎能将整个大腿都暴露的迷你裙就不合适。因为袜子很难掩饰住整个"O"形感。

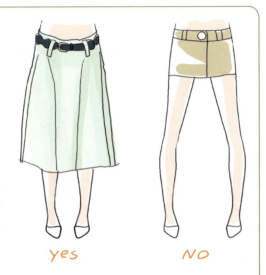

yes   NO

居家锻炼矫正O形腿

严重的O形腿可通过手术矫正治疗，而症状较轻者可通过运动锻炼来矫正。具体方法为：

拉伸 双腿并拢，脚掌完全接触地面，双膝尽量紧靠，深蹲，臀部仿佛坐在脚后跟上，重心略微前移，让腹部靠近大腿，保持双脚脚掌牢牢贴紧地面，慢慢起身，尽可能伸直双腿，双手指尖触地，感受双腿后部肌肉拉伸。保持15秒后，恢复初始姿势。

夹腿 双脚、踝、膝同时靠拢夹紧，坚持数分钟后放松，再重复。

压腿 采用向前、后直压腿和向两侧压腿的方式拉伸膝关节和腿部肌肉。

踢腿 像用小腿向外侧踢毽子一样经常踢腿，可以帮助矫正O形腿。

X形腿美化攻略

X形腿的明显表现是两足并立时，两侧膝关节能碰在一起而两足跟却靠不拢，走

路时会出现两膝"打架"互碰的步态，双脚并拢后只有膝盖能接触到，大腿小腿间都有缝隙。这种腿形也可以巧借衣服来掩饰缺陷。

选择裤装时最好选择膝盖部位有装饰设计（如口袋等）的裤子，可以弱化和掩饰X形腿的缺陷。

选择宽摆的中裙或长裙也可以达到理想的掩饰效果。

此外，时下流行的带有翻边设计或鞋边外侧带有明显装饰物的中长靴也能解除X形腿人的烦恼，它可以使膝盖部位看起来与上下宽度一致，而贴身型的窄腿靴应该避免。

居家锻炼矫正X形腿

走"猫步" 像T型台上的模特们那样呈直线形走"猫步"，可以适度纠正X形腿。

盘膝坐 盘膝坐20～30分钟并交替腿进行，每天1～2次。同时按摩腿内侧肌肉，增加张力以矫正畸形。

盘腿坐 两脚掌相对，用力压两边的腿，尽量往下压。脚掌不能分

yes

NO

小常识

开。膝盖压到不能
再压时，停留几分
钟，再重复进行。

2　美腿与裤子的亲密关系

大腿粗者这样穿裤子　尽量选择小腹围较宽松的款式如直筒裤，这样裤形在大腿处自然宽松些，能轻松掩饰粗壮的大腿；最佳选择是合身但不贴身的大直筒裤以及可以让视线集中在下摆处的喇叭裤；完全暴露腿形的AB裤、弹性紧身裤都不适宜。

小腿粗者这样穿裤子　如果大腿曲线还可以，那么喇叭裤是你最好的选择，可以美化你的整个腿形；有宽松下摆的大喇叭裤可以完全修饰小腿曲线；大直筒裤子的直线条可以平均分摊大、小腿的视线，让腿形显得更完美；至于中、小直筒裤，你必须斟酌自己小腿的粗细而定，要避免上紧下粗的视觉效果；O形腿的人

专家
提示

　　无论腿是粗还是短，无论是穿裙子还是裤子，只要慎选花色、款式和质地，掌握好色彩单一、图案及款式简单、质料厚薄适中三个原则，避免色彩太过鲜艳、图案太过花哨，就可以达到美化腿形的效果，因为颜色鲜艳、图案复杂的裙子或裤子的视觉膨胀效果很惊人，只会更突出腿的缺点和不足。

一定要远离AB裤。

腿较短者这样穿裤子　高腰的直筒长裤、七分裤都可以让你的腿部比例更佳；微喇裤搭配高跟鞋可以延伸腿的长度；笔直线条的中、小直筒裤的修饰效果很好；顺沿曲线而下的AB裤搭配同色系鞋子也可以起到延伸的视觉效果；低腰裤则要避免，否则显得腿更短。

🔍 **链 接　interlinkage**

牛仔裤美腿攻略

　　一直以来，牛仔裤总是受到时尚女性的青睐，它的材质特殊，耐磨又耐洗，既显年轻又让人充满活力，但很多腿部曲线不理想的女性却不敢轻易尝试把它穿上身，原因就是怕它把腿部的小缺点给暴露出来。其实，腿部曲线不美，并不代表就与牛仔裤无缘，只要选对了裤型，就一样可以达到美化效果。我们来看看怎样选择适合你的牛仔裤吧。

粗腿者的牛仔裤攻略　顺着臀形直下的中、小直筒裤能让腿部有较大的空间；膝围以下略微放宽的喇叭裤可以让整体粗直的腿显得修长；在颜色上最好选择深色系牛仔裤，若想尝试浅色，可利用剪破裤管、镂空抽丝的效果来转移视觉焦点；对于那种在大腿面有刷白印染的款式则要小心，因为显眼的浅白很容易将别人的目光吸引到大腿上

来；材质上最好别选择软的、会贴身的丝棉牛仔裤，穿起来虽然很舒服，但完全暴露了腿部曲线。

腿短者的牛仔裤攻略　一定要避免低腰的款式，裤管反褶的也要避免；宽大下摆的款式也不适合，因为它有拉宽视觉的效果，也不能达到修饰的效果；笔直线条的直筒裤配上高跟鞋可以延长下半身比例；色彩上应将视觉重点放到上半身，不妨搭配颜色很亮或款式极具创意感的上衣；图案方面以有竖条纹的最好，但条纹宽度不要超过大拇指宽，格子图案则有点危险，若搭配不当，反而会弄巧成拙；材质上没有什么限制，唯一的原则是要和有跟的鞋子搭配，把自己垫高起来，让下半身看起来显得长一些。

小常识

认识牛仔裤"家族成员"的特性

直筒裤　顺着小腹部及臀部曲线而下，腿部完全以直线条表现，可将整个腿形修饰得笔直修长。

喇叭裤　原本方便西部牛仔穿脱靴子用的靴形裤，在复古风吹袭下，摇身变成大腿及膝围剪裁合身、下摆放宽的喇叭裤设计。

AB裤　强调合身剪裁，顺着玲珑曲线而下，是展现曼妙身材的最好选择。

3　**美腿与鞋子的亲密关系**

别小看鞋子对腿起到的美化作用，如果和服装搭配协调，不但可以掩饰腿形缺点，还可以为全身整体造型加分。

选择鞋子时要注意，从美观的角度应尽量选择有跟的

鞋子，高跟鞋可以使腿部看起来修长，尤其是与长裙搭配，可以增添你的女人味，令你看起来更优雅；靴子也是延长腿部视觉效果的好方法，但长短要合适，小腿粗或短的人穿靴子时长度最好不要刚好在小腿肚处；避免太厚重的鞋底（如松糕鞋）、鞋跟，因为那只会将别人的眼光聚集在你的下半身，起到相反效果。

4　美腿与袜子的亲密关系

　　与裙子搭配的连裤袜、长筒袜可以对腿部起到一定的修饰美化效果，只要注意根据自己的腿形特点来加以选择，同样可以穿出一双美腿来。

腿形与袜子的搭配原则　　腿短的女性应

让袜子为全身装扮加分的几个关键

◎　身高及腿长不够理想的情况下，上半身与下半身色系要协调，切忌反差太大。

◎　袜子的长度、颜色要与鞋子搭配协调，以使腿更显修长。

◎　如果服装很有特色，可借由袜子来突出一下，如花纹衣＋花纹袜、格纹衣＋格纹袜、网眼衣＋网眼袜等，上下呼应。

◎　袜子的穿法不是一成不变的，两层袜子穿搭也很酷，如深色＋深色、浅色＋浅色或内深色＋外浅色等都可以穿出不一样的效果来。

◎　颜色或款式很出位的袜子对腿形要求很高，腿形不理想的女性不可轻易尝试。

专家提示

选择与裙子、鞋子颜色相近或一致的袜子，以从视觉上拉长腿部比例；腿较粗的女性宜选择颜色稍深的袜子，以使腿显得纤细一些；腿过细的女性要选择浅色袜子，如给人以真切的肌肤质感的肉色袜就可以使腿显得丰满一些，千万不可选择令腿更显细的黑色丝袜。

⑥ 恋上美腿食物

❶ 营养素家族中的瘦腿"标兵"

很多女性都有偏食的习惯，长期只吃自己喜欢的某一类或某几类食物，殊不知，这样的结果是导致营养素摄取不全面，而有些营养素正是美丽双腿不可或缺的，比如下面这几种营养素就是美腿的"标兵"。

钙 人体约有1公斤的钙质，想拥有笔直的双腿，骨骼中的钙质绝对不能少。钙摄取不足容易引起肌肉痉挛和罗圈腿。

钾 如果经常吃多盐的食物，盐分摄取过多，就会想多喝水，导致过多水分囤积体内，形成水肿型的虚胖，进而令小腿变得粗壮。因此，想要腿部变纤细的人除了要控制盐的摄取外，还要注意多吃含钾的食物。钾能帮助盐分代谢出体外，改善水肿性肥胖症状。含钾的食物有番茄、香蕉、西芹等。

维生素B群 维生素B群可加速新陈代谢，其中，维生素B_1可将糖类转化成能量，缓解双腿疲劳，喜欢吃甜点的人对维生素B_1的消耗量特别多，因此更要多摄取含维生素B_1的食物；维生素B_2能加速脂肪的代谢，体内脂肪过多的人，要多补充维生素B_2。富含维生素B群的食物有冬菇、芝麻、豆腐、花生、菠菜等。

维生素E 腿部血液循环不好，就很容易导致腿脚浮肿，而含维生素E的食物可帮助加速血液循环，让新鲜的血液及时送达离心脏较远的腿部，给予细胞全新的氧气与营养，帮助去除水肿；若静脉产生停滞，组织液也随着停滞，腿部就容易变得粗壮。此外，它还可以预防腿部肌肉松弛、分解囤积的脂肪。含丰富维生素E的食物包括杏仁、花生、小麦胚芽等。

纤维素 因纤维素缺乏而引起的身体排毒不畅会影响腹部血液循环，妨碍淋巴液的流动，使废物无法顺利排出，造成腰部以下部位肥胖、浮肿，而纤维素能促进

胃肠蠕动，帮助体内毒素及废物的及时顺利排出，改善和治疗便秘，从而美化下半身曲线。另外，与纤维素互为滋长温床的肠内细菌，可促进维生素B_2、B_6的生长，对脂肪的分解有直接与间接的帮助。

2 你应该爱上的15种美腿食物

　　下面罗列出的这15种食物不但便宜又随处可见，而且都是可以让双腿曲线变美的佳品，平时不妨注意适当多吃一些。

海苔　海苔富含维生素A、B_1、B_2，还含有矿物质和纤维素，对调节体液的平衡裨益良多，想纤细玉腿就不能忽略它。

芝麻　提供人体所需的维生素E、B_1和钙质，特别是它的亚麻仁油酸成分可去除附在血管壁上的胆固醇。食用前可将芝麻磨成粉，或是直接购买芝麻糊，这样容易充分吸收其营养素。

香蕉　卡路里有点高的香蕉，其实可以当正餐吃。它富含钾，脂肪与钠含量却很低，符合美丽双腿的营养需求。

苹果　它的含钙量比一般水果丰富，有助于代谢掉体内多余盐分；所含苹果酸可代谢热量，防止下半身肥胖；所含水溶性纤维质果胶可解决便秘问题。

红豆　所含石碱酸成分可增加肠胃蠕动，减少便秘，促进排尿，消除心脏或肾脏病所引起的浮肿；所含纤维素可帮助排泄体内盐分、脂肪等废物，对美腿有很好的效果。

木瓜　木瓜里的蛋白分解酵素、番瓜素可帮助分解脂肪，减低胃肠的工作量，让肉感的双腿慢慢变得纤细，其中的果胶成分还有调节胃肠的功能。

西瓜　清凉的西瓜含有利尿物质，使盐顺利随尿排出，对膀胱炎、心脏病、肾脏病也具疗效。此外它的钾含量不少，不可小看它修饰双腿的能力。

蛋　蛋里的维生素A可以滋润双腿肌肤，维生素B_2则可消除脂肪。其他的磷、铁、维生素B_1、烟碱酸等成分对去除下半身的赘肉有不可忽视的功效。

葡萄柚　独特的枸橼酸成分可以促进新陈代谢，卡路里低，含钾量却是水果中的前几名。

芹菜　它含有丰富的钾，可预防下半身浮肿的现象，对心脏也有保健功能。还含有易于吸收的胶质性碳酸钙，可以补充双腿所需的钙质。

魔芋　零脂肪的魔芋，含0.1%的蛋白质、7.4%的水以及丰富的纤维和钙，可以使下腹部淋巴腺流通顺畅，防止腿部变得软软胖胖。

菠菜　多吃菠菜可以使血液循环更活络，将新鲜的养分和氧气送到双腿，预防腿

部肌肤干燥，避免提早出现皱纹。

花生　花生有"维生素B$_2$国王"的雅称，含有丰富的维生素B$_2$、烟碱酸、蛋白质，除了能美腿，还能养肝。

弥猴桃　含有丰富的维生素C及纤维素，纤维除了可以吸收水分膨胀，令人产生饱足感外，还能增加分解脂肪酸素的速度，避免过剩脂肪堆积在腿部。

番茄　它有利尿以及去除酸痛的功效，长时间站立的女性，可以多吃番茄去除腿部疲劳。每天吃一个番茄，还有助于美白肌肤，可谓一举两得。

PART 9

足之美

古人云："千里之行，始于足下。"这句话强调了脚的作用和基础性地位。同样，足部的美容在整体美容中的地位也不容忽视。中国人自古以来就注重欣赏女人的脚及步态美，不过在相当长的一段时期内，中国人欣赏的是女人的小脚之美，所谓"三寸金莲"，指的便是小脚的病态美。这种违背人性的做法在今天自然不能作为审美的标准。

一 足之美标准

中国女性美足的标准应当包括以下几个方面，即看起来发育良好，外形匀称无畸形，脚趾圆润无变形，皮肤光洁，无溃烂皲裂；摸起来光滑细腻富有弹性，无厚茧，无鸡眼；闻起来跟身体别处皮肤一样，无异味；动起来灵动自如，步伐矫健。这几条足部美的标准同时也是女性美脚的指南。

① 足的触觉美

中国人很重视女人的美足，其中主要原因之一便是重视足部的触感之美。

通常，一双美丽的脚摸起来必须细腻光洁，柔若无骨，富有弹性。

② 足的嗅觉美

足部也许是人体美容中最令人头痛的部位，其中主要原因便是它所散发出的臭味，这无疑是令爱美女性十分尴尬的事。女性的双脚是那样的美丽，触感又是那样的可爱动人，但如果它发出了令人掩鼻的气味，那么这份美就只能让人望之兴叹了。

因此，足部的美必须以气味的清爽为前提。但是，足部的生理结构决定了它必然要排出酸臭的气味，原因在于：足部小汗腺很发达，常会因走路或其他活动分泌大量汗液，加上穿鞋后的密闭不透气环境，汗液的成分为细菌的滋生繁殖提供了条件，细菌大量繁殖发酵后会形成多种物质，与汗液中的盐分、尿素、乳酸等成分混合，酸臭味就产生了，这是任何人都不能改变的。人们对此也想出了很多聪明的办法，比如用鞋子和香水来掩盖不雅的气味。当然，时刻保持卫生是第一重要的。

③ 足的动态美

对于足部的动态美，中国文化给予了很多的关注，步态美是女性足部最易窥见的动态美，要说足部动态美的极致表现，就非舞蹈艺术莫属了。

现代舞蹈艺术对人体的要求特别严格，人体部位的资质直接决定了舞蹈的美。足部对于舞蹈艺术来说是一个非常关键的部位，特别是足部的踝关节，它蕴藏着丰富无穷的表现力。舞蹈艺术中的重要动作如绷脚、勾脚等主要靠脚来表现，其他重要动作也离不开足部。在芭蕾舞中，舞蹈演员踮起脚，轻盈地腾跃、欢快地移动，那样灵动轻巧的双脚，正是足部动态美的象征。

④ 足的装饰美

提到女性美脚的装饰，人们都会想到女鞋，而提到鞋，浪漫的女人总会想到那个美丽的故事——灰姑娘与她的水晶鞋。灰姑娘因为水晶鞋而获得了美丽的爱情。鞋，是女人的另一个情人，鞋子的表情是女人的一种品位。

方头高跟鞋　　　尖头高跟鞋　　　无后帮鞋　　　平底鞋

　　如今，高跟鞋使女人的美大放异彩。鞋跟的造型是高跟鞋设计师们关注的重点。虽然细尖的高跟时常可见，但普遍来看，方跟在当下的服饰时尚风潮中行情看涨。从粗壮的方柱体到扁扁的方跟，方跟的造型出现了多样风情。尖头鞋表现的是女人纤细柔弱的一面，而方头鞋才是今天的最酷时尚。

　　原属于凉鞋款式的无后帮鞋如今已打破了四季概念，适合在任何季节穿着。它常以华丽的形式展现十足的女人味，缀以亮珠、金属片甚至珠宝的无后帮鞋，带出的是女人优雅的姿态。

　　平跟鞋在今天则是时髦而有个性的穿着焦点。当然它不是人人穿得好的，你必须拥有清秀突出的踝骨，没有世事历练痕迹的纤细而匀称的小腿，以及没有疲劳感的膝盖。

　　除了各式各样精美的女鞋之外，足部的饰物似乎并不多见，偶尔也只是在脚趾甲上染几道美丽的文饰而已。就中国女性而言，还是天然一双赤足最惹人怜爱。

　　女性的美足也应以正常足板为美的基础。综合医学分析，我们认为单从足的形态来讲，美的足应是长宽比例适中，前足以二趾稍长或与拇趾等长为美，足弓不宜过高，皮肤有弹性，功能健全。

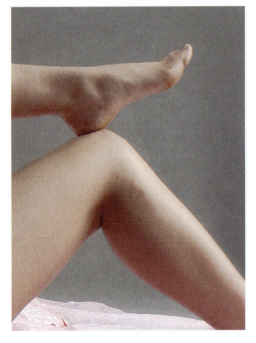

二　足的分类

　　足在人体负重、平衡和弹跳中发挥着重要作用，其结构美在人体美中起着很重要的作用。足的骨骼多，软组织少，其平面轮廓为六边形。足骨排列成三个弓，即外侧纵弓、内侧纵弓和横弓，它们构成了足外形的基础。内侧纵弓比外侧纵弓高大，是足形体的显著特征。足有三个负重点，即跟结节，第一、五跖骨头。足部的固有肌几乎全部布于足底，足背部的脚腱从踝关节放射状分布到各足趾。足背皮肤较薄，色泽较好，浅筋膜中缺乏脂肪组织，透过皮肤可见足背的浅静脉及各肌腱的的轮廓，当足做各种动作时，肌腱轮廓显示更清晰。足的外形有明显的性别差异，男性足宽大而厚壮，足趾粗而方，第一跖趾关节和第五跖趾关节侧突明显；女性足狭小而薄，足趾细长，趾头略尖，足背皮下组织多于男性。

　　根据足背的形态可将足分为以下三种类型：

正常足　足的形态正常，足弓的高度在正常范围内，一般以正常范围的高值为美。足底印迹检查可见其最窄处宽度与相应的足印空白处的宽度之比为1∶2。

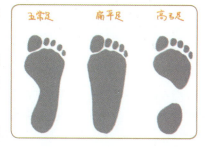

扁平足　足弓高度低于正常范围，足底印迹检查可见最窄处的宽度增大，与相应的足印空白处的宽度之比为1~2∶1或更大。

高弓足　足弓高度超过正常范围，足印最窄处的宽度很小或为零。

　　就足背形态而言，正常足无疑是美足的基础。此外，根据足的前半部位形态类型分类，可以分为标准型足、希腊型足、埃及型足、拇指巨大型足、第一、二趾等长型足、方型足。标准型足二、三、四趾都稍长于拇趾。我国女性的前半足形态以标准型为美，其他形态稍显不足。

　　人的足底板形态可分为正常足板、软弱足板和扁平足板等。正常足板是指脚跟与足趾并宽，两者相连的内侧有良好的弧度，是足弓完善的标志。

三 专业护足进行时

虽然在家DIY，我们也能把脚弄得漂漂亮亮；但去专业美容院护足，不用自己辛苦地干这干那，只要翘起"二郎腿"，美丽的同时还能享受，而且仪器、用料、按摩手法都更为专业，效果当然不一样。

① 一周一次：简单实惠

专业美容院的护足项目一般会分成几个等级，基础护理的流程都差不多，步骤不比"豪华级"少，价格却便宜一半，每周做一次，非常实惠。

泡脚一定不会少，只有把脚泡得软软的，才便于修形，利于吸收。而泡脚水却见各家功夫，精致美足护理是在水中加入牛奶，用它把脚泡得和牛奶一样又白又滑；而有些美容院的基础护足则加浴盐，温温和和去角质。接着是修剪和去死皮的项目，涂上乳液后，便可涂上漂漂亮亮的趾甲油了。

类似的基础护理一般耗时不多，40分钟左右，刚好小睡一会儿，或者约上姐

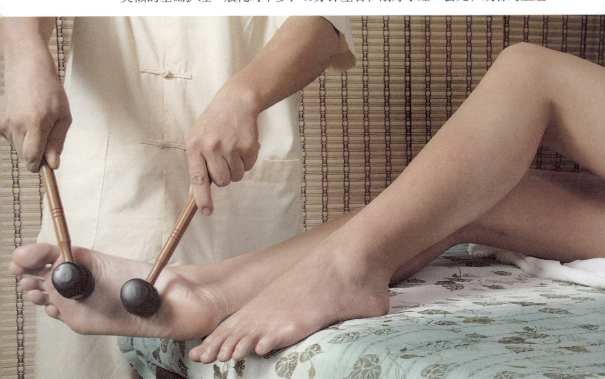

妹同行，美足的同时还能联络感情。

② 一月一次：特色关怀

顶级项目比较能凸显美容院的特色与功力，虽然价格高了，但"下料"确实更好，而且往往会增加项目，一个月"奢侈"一次，给双足特别的关照。

很多SPA会所的SPA足部护理，也是浴盐泡脚，但浴盐中多了减压功效。除了足部，还多了由脚踝至膝盖的去角质。把双脚彻底处理干净后，再做一个"脚膜"，可以按需要选保湿、美白等功效的按摩霜，按摩之后用保鲜膜和干毛巾裹两层，敷10分钟后洗净，乳液有效成分的渗透性也更强。

而美容院里的足部护理套装更有针对性：

活力套装适合运动人群，用薄荷足浴粉替代牛奶，清凉去味。深海盐替代去角质霜，更为滋润。在涂乳液之前，还加入一道精油穴道按摩，用毛巾热敷，松弛疲劳的双脚。

晶莹套装则是足部护理中最顶级的，其他步骤都与活力护理相同，但精油按摩不再打通穴道，而是起到舒缓作用即可，并按摩至小腿。除此之外还会加入"蜜蜡护理"——将双脚浸入由蜂蜜和树脂提取而成的蜜蜡中，接着伸入电动热脚套，让双脚彻底处于一种封闭状态，进行补水和滋养。"吃"完套餐，你还能点个"甜品"，可以自行选择鲜榨的果浆做"足膜"，各种鲜果功效不同，比如夏天敷番茄加胡萝卜就不错，美白又滋润。

③ 美容院护足小贴士

1 一定要选择专业的美容院进行护足，不然很容易造成感染。

2 如果脚上确实存在皮肤病，美容院是无法解决的，应该到医院就诊。

3 先不要急着买所谓的贵宾卡，可以先做两次试试，满意后再长期护足。

四 居家美足DIY

居家美足，我们可从两方面做起，即保养足部皮肤和美化装点脚趾甲。

① 保养足部皮肤

1 足浴让皮肤光润

足浴的作用不单是使全身松弛放松，还能促进微循环，使粗糙的脚后跟和角质化的皮肤部位变软，从而易于清除角质。对于比较容易长脚垫和角质硬化严重的部位，需要使用去角质的工具，在死皮泡软后去除。脚背等细嫩的部位要用去角质霜去除死皮，平均每半个月做一次护理。去除之后需要使用专门的护足霜进行保养，这样才算达到基本的保养程度。

2 以柔克刚 软硬兼施

鞋子对脚的约束和摩擦会使双脚长出难看的硬皮，即使用浮石使劲搓擦也无济于事，而且只会加快硬皮的增长。对付硬皮的办法就是"软化"皮肤。当你洗

完澡，脚上皮肤泡软了，不妨用刷子磨刷。如果脚跟、脚底长出老茧让你吃尽苦头，可以先修剪翘出来的干皮。

3 去除角质 美白双足

脚部色素不均会给人皮肤灰暗的感觉，因此，选一支适合自己肤质肤色的磨砂膏，全面为双脚做去死皮护理，涂上磨砂膏，轻轻按摩5分钟，让双脚恢复雪白的肤色。如果想快速将干燥晒黑的双脚恢复原

状，可以尝试用保鲜膜包裹法，不但可以提高脚部滋润度，更能使干燥的双脚恢复自然的清爽程度。方法是待完成脚部磨砂及按摩后，用保鲜膜裹住双脚，敷10分钟即可。

4　定期保养　按摩保湿

要想双脚柔软光滑，防止长出"薄纸板"式的皮肤，最好定期使用能增加皮肤水分的按摩霜进行按摩。较好的产品有：富含柑橘、迷迭香和雪松精华油的芳香油；含有芦荟和薄荷的清凉乳液和婴儿柔肤霜等。皮肤补充水分后，涂上厚厚一层保湿润肤品是产生光洁漂亮肌肤的秘诀，可选用专用护脚霜或者你钟爱的保湿润肤霜。

5　凉敷热泡　告别肿痛

双腿疲乏时，抹上清凉缓解凝露降降温，没有比这更惬意的了，不大一会儿，就可以告别发烫的双脚和沉重的双腿。Springfield的冰凉护脚啫喱可令双脚舒适无比，帮助缓解肿痛。也可以采取热泡的方法，对过度劳累的双脚来说，浸泡在放了浸泡液的热水里真是一种享受。如果在有留兰香、迷迭香及粉色葡萄柚浴盐的热水中浸泡，能使人精神振奋，精力充沛。

6　足背按摩　松弛神经

布满神经末梢的脚背极为敏感，进行按摩可放松神经、重振精神。如果你身边没有按摩师，可用足部按摩器（商场、网上商店有售）来代替，它有两个调节档，一档温和镇痛，一档集中剧烈。还有更简单的办法，即每天练习几分钟基本踏步，长此以往对双脚大有裨益。

7　运动健身　加速循环

血液一旦流到脚部，便应迅速流回心脏，倘若流速缓慢，双脚会感到肿胀、沉重。为使血液循环畅通无阻，可参加一项定时但不费力气的体育运动，并配合使用促进循环的产品，兰蔻的Body Contouring Gel，迪奥的Svelte Perfect或娇韵诗的Body Lift都很好。

8　植物足疗　回归自然

薰衣草和迷迭香抗菌、提神；松木能使人放松；留兰香樟脑具有迅速恢复体力的奇效，芹菜、杜松可以消炎；银杏促进血液循环；月见草和麦芽油柔滑肌肤，这些植物能自然缓解肿痛，特别适宜足疗和腿疗。

9　油脂润脚　最佳呵护

　　油性润肤剂特别滋养脚部皮肤，也是做缓解疼痛按摩的最好润滑剂。取适量润肤剂，用手涂抹于脚上，稍做按摩，再穿上棉袜，直到油被皮肤完全吸收。市场上有专门的护脚油，也可选用面油或护肤油。

10　防止真菌　远离足病

　　双足如果有脚汗、真菌，那么你需要的足部护理比别人要多些。不妨使用这些有针对性的护理产品：爽健天然舒缓足浴露、除臭防菌浴盐、除臭防菌喷雾、清凉薄荷爽脚粉、美足清爽足部喷雾、止汗除臭足部喷雾等。平时应养成良好的个人及家庭卫生习惯，例如擦脚布应分开使用，以阻断患亲之间的交叉感染。塑造一双美足，不仅有利于你的形貌，更有利于你的健康。

② 美化、装点脚趾甲

1　正确修剪

　　剪脚趾甲这么容易的事谁不会？但是想要让趾甲看上去漂亮还真有规律可循，不是随便一剪就可以的。脚趾甲不能修剪得太短。趾甲和脚趾末端修剪整齐时，趾甲样式最雅致、美观大方。剪得太短，除了形状不美观外，还起不到保护脚趾的作用，而太长是很不优雅、不卫生的表现。修剪趾甲可使用普通的趾甲剪将趾甲剪短，如果趾甲硬且易脆裂，则改用趾甲钳。注意，要将趾甲两边容易长入肉里的部分锉平，防止这种倒长的现象继续，以免引起更多的不适。如果脚趾上长出细毛，也是很不美观的，这时要用湿剃刀和一点凝胶将之轻轻剃除。

2 趾甲抛光

认为剪完趾甲就可以直接涂趾甲油或者就算完成了吗？当然不是！通常趾甲上会出现难看不雅观的条纹，你需要用一个专门美甲锉具将甲面锉得非常平滑，同时也将褪色或变色的趾甲油清除掉。然而，切勿锉得太勤，否则脚趾甲就容易变薄和变得易脆裂。如果你不想再涂上趾甲油，想保持自然风貌，那么至少应将趾甲磨得非常光亮。可用趾甲抛光器在趾甲表面上来回地打磨，直磨至趾甲变得亮晶晶时为止。这种光泽可持续几天之久。

3 轻柔护理甲周角质

我们知道在修手指甲的时候需要将甲周的死皮剪去，然而，脚趾甲的甲上皮任何时候都切勿修剪掉，否则会引起长期疼痛性发炎。最好是用一个"小马蹄"美甲工具或一根裹上药棉的花梨木小细棍将甲上皮向后推移掉。顽固部位则用"小马蹄"背后的小推刀轻轻去除。

4 涂趾甲油

如果你选择为趾甲变化一些色彩，首先要先涂一层趾甲底油，它的功效就像隔离霜一样，防止有色趾甲油的有害成分深入到趾甲内部，并能让趾甲更加平坦，好上色。涂趾甲油时一定要用脚趾分隔器这个小道具，这样不会将涂好的趾甲油弄污。最后要涂上一层透明趾甲油，这样你的趾甲油保持光亮的效果是不涂的一倍。还有，趾甲油不要涂满整个趾甲，在趾甲的上、左、右各留一个小小的边，涂出来的效果会更加精致。

🔍 链　接　interlinkage

◎　有的女性喜欢用脸部的产品来清洁滋润足部，专业美容师告诉我们这是不正确的，因为脚部的皮肤构造和脸部的不一样，这样既达不到效果还造成浪费。

◎　保持趾甲健康要多吃含锌、铁和基础脂肪酸的食物，比如瘦肉、鸡蛋等。冬天干燥的天气要经常用一些专业的足部乳霜保持足部的湿润、娇嫩。

◎　办公室女性由于不经常走动，血液回流不顺畅，容易疲劳，所以要尽可能地在办公室利用闲暇时间走动，平常穿舒服的平底鞋，定期做足底按摩。

◎　每晚以温水泡脚，不但可强身健体，预防感冒，还可舒解一天的压力。在浴足后，再以美足美体霜加以按摩，可使一双玉足长期保持润泽，使肌肤富有弹性。

五 趾甲油与凉鞋对号入座

露趾凉鞋可以让美足大出风头，但是选择与凉鞋品位、色彩和谐的趾甲油也是十分重要的。现在，就告诉你时下最流行的组合方式。

① 白色凉鞋如何搭配趾甲油

■ 搭配方案

白衣白鞋 如果要搭配一身白色的夏装，当然还是选择白色凉鞋最为适合。

风格一致 不管是什么样子的凉鞋，趾甲修饰的风格都要同鞋子的风格协调。

拒绝鲜艳 穿白色凉鞋时，脚趾甲上千万不要渲染过于鲜艳的颜色，否则会

让人感觉脚面很脏。建议白色凉鞋搭配水晶趾甲，看上去很舒服，也很高贵。

■ DIY方案

淡雅为主 搭配白色凉鞋，趾甲的颜色当然还是要选择淡雅、清爽为主。

白色小花 可以贴一些白色小朵花瓣装饰，会很生动。

法式百搭 如果是DIY，最适合的就是法式趾甲，很多颜色、款式的鞋都能搭配法式趾甲。可以买些镭射粉，轻轻撒在未干的底油上，会增加白色的光彩。

② 色彩鲜艳的凉鞋如何搭配趾甲油

■ 造型方案

最爱亮色 如果是流行色的水果色凉鞋，多为纯度很高的颜色，如湛蓝、鲜橙甚至艳红。如果是休闲凉鞋，多以棕黄、橙棕等为主流，采用天然质地如麻、反皮面料等。

看脚配色　脚形好看、趾甲圆润的人，可以选择对比色强烈的鞋子和趾甲油。但脚形不是很好看的人应选择与鞋子同色系的趾甲油。

■　**DIY方案**

暗红最佳　亚洲人的趾甲油颜色，最佳选择是红色系，最好是暗红。黑色、宝石蓝搭配白色的组合也不错。

切忌粉色　除了做法式趾甲，粉色最好不要涂在脚趾甲上，容易让脚发黑显脏。咖啡色这类中间色也不太适合黄皮肤女性。

③　珠光宝气的凉鞋如何搭配趾甲油

■　**造型方案**

流行饰物　现在凉鞋上非常流行多装饰，比如金属卡扣、设计精美的卡子，还有绢花和珠宝镶嵌。除了装饰物，加入刺绣工艺的凉鞋也是大热，如民族感的刺绣、粗线缝制、缝缀亮片和水晶。

色调和谐　穿着多装饰的凉鞋，要以鞋面装饰的某一颜色来涂趾甲。比如棕色鞋子带有刺绣花朵，就可以黄色为底，绿色做延伸。

■　**推荐方案**

专业美甲　想要做奢华的趾甲，还是到专业美甲店，因为有各种大小、颜色的水钻、水晶和贴片，还有不同风格的立体花和雕花可以选择。

豪华自助　如果自己有兴趣DIY豪华的美甲，其实也不是很难，现在到处都有小盒亮片和碎水晶出售，用镊子、牙签和胶水就可以搞定，但需勤加练习。

六 小饰物增添踝间风情

俗话说："男人的头，女人的脚"，从三寸金莲到三寸高跟鞋，女人从来就没有忽视过对脚的装扮。据说，女人的脚饰最早源于美国夏威夷。当地少女把艳丽欲滴的鲜花串成链饰挂在纤细的足踝上，以显示女性的俏丽娇媚。后来这种信手拈来的饰物不胫而走，被各国佳丽竞相仿效。夏日，纤巧柔美的脚踝又成了显示美丽性感的好地方。都市街头靓女如云，裙子登场，裸足盛行，纤巧的足踝更成为焦点所在。而五光十色的脚链伴着一双双美腿"招摇过市"的风景，又平添了繁荣街市的几分时尚。除了一双精致合脚的鞋子，女人在足部配饰上也动足了脑筋。

脚链 又叫足链，是佩戴在脚腕上的一种链状饰品，多受年轻女性的青睐。说到足链，总是会让人联想到瘦长的双腿细细的脚踝圈着一根闪亮的链子。通常认为，佩戴脚链可吸引他人对佩戴者脚部及步态的注意。

🔍 链 接 **interlinkage**

足链材质

足链材质有风行的仿铂金、也有货真价实的铂金、水晶、琥珀、 白银，有些品牌还别出心裁地将颇有艺术审美感的石头、藤木等巧妙地运用在足链上，细细的链子上均匀地悬挂着可爱的小吊坠，让你在举手投足间尽显俏丽风采。珍珠足链不但华贵、典雅大方，夏季佩戴也有清凉舒适感。

还有一种另类的足部装饰品叫足带，其实就是一条长长的带子，从足踝缠到小腿，像是夸张的足链。Burberry曾经出过一款足带，把经典的格纹融为线条，银色、苔绿中泛出银光和蓝底橘纹，即使在服装新品发布的舞台上也吸引了无数艳羡的目光。

链 接 interlinkage

脚链佩戴小贴士

脚链不宜戴得太紧，那样会给人一种被绳索捆绑的感觉，有失雅观。相反松垮一点，才易产生美感并呈现整体效果。脚链的颜色和款式应该和鞋子、服装形成统一，如果颜色相差太远会有种画蛇添足的感觉。另外，脚链的整体大小应根据你的脚踝大小作适当选择，例如脚踝大的人就不宜戴过大的脚链。想让你的小腿显得更加修长，可以选择中跟或者高跟的银色调凉鞋，搭配小巧的脚链为佳。

七 怎样正确选鞋、穿鞋

在用漂亮的鞋子来为我们增添足部风情的同时，可别忽视了脚的舒适性，否则不是脚趾被挤疼，就是皮肤被磨破，严重的还容易引起小脚趾上长鸡眼等问题，真正是美了别人的眼，却苦了自己的脚。因此，在我们选、穿鞋子时应注意下面这些细节。

■ **细节一：正确时间去选鞋**

如果你打算买新鞋，最好在下午三点至六点左右去选购，因为脚在这个时段会略微膨胀，如果这时所选的尺码大小合适，则一天中其他时间穿着会比较舒服，无挤压之感。

■ **细节二：正确试穿**

试穿时要注意三点：其一，站着试穿，因为站立时脚会比坐着时略微大一点点，而鞋柜售卖人员常常请顾客坐着试穿，其实这样并不是太好；其二：左右脚都要试穿，因为大概有2/3的人左右脚不一样大，因此要按照稍微大一点的那只脚选买；其三：试穿好一双后来回走几步，细心感觉鞋的稳定性与大小是否合适，鞋底鞋面是否太硬，不能只穿进去后对着镜子看一下就买。

试鞋时为了方便穿脱，可以自备干净的丝袜或请售卖人员提供，尤其是试穿那种踝部略紧非常包腿的靴子时，穿上丝袜才会更显效果。

注：那种不亲自试穿、单纯根据鞋号去选鞋或托人代买的方式不可取，即使号码标注大小一样的鞋子，常常也因品牌和款型的不同而给人穿着后不一样的大小感。

■ 细节三：尽量选择全皮质地

如果经济条件许可，最好选择全皮质地的皮鞋，即皮面、皮内里、皮底的真皮皮鞋。因为真皮透气、吸汗功能和弹性都好，与脚形更能吻合，穿起来更舒服，而且不憋汗，自然减少了脚臭味。

■ 细节四：穿高跟鞋时用半垫缓解压力

买高跟鞋时顺便索要或买个半垫垫在鞋前部，这样能适度缓解对脚前部的冲击力，减少穿着高跟鞋的不适感，同时还可预防脚的滑动。注意最好不要买那种有金属鞋跟的高跟鞋，虽然它看起来很时髦抢眼，但很容易坏，而且修补好的可能性很小。

■ 细节五：孕妇应选比平时大一点的鞋码

女性怀孕期间脚部常会伴有水肿问题，最好选择号码比平时稍微大一点、有一定弹性和厚度的软皮平底鞋或矮坡跟鞋。

■ 细节六：每天应让脚有多次的休息

习惯每天穿着高跟鞋的女性要多注意对脚的放松，每天回到家脱掉高跟鞋换上拖鞋时最好顺便揉按一下足底部、脚趾和脚踝，以减轻脚部疼痛和不适感；然后把双脚抬高，保持约5～10分钟，使脚部肌肉有机会伸长。

衡量鞋子理想尺码的标准

衡量鞋子理想尺码的标准主要如下：

◎　十个脚趾可以在鞋里自由伸展开，脚尖部和盖在脚背的鞋面既不太肥大宽松，也不会给人夹脚感，用脚尖顶住鞋头时脚后跟与鞋后帮之间还能伸进一个手指的距离，这个尺码大小最合适；

◎　自己从上往下看脚弓部与鞋子的中央弧度十分吻合，脚围的松紧合适；

◎　脚后跟部的鞋后帮很好地贴住脚后跟，走路的时候不能滑来滑去。

建议不要因为受季末打折的诱惑或为款式所吸引让自己的脚迁就一双不合尺

寸的鞋，尺寸太小的鞋子即便穿得再久，撑大程度也很有限，可能引起脚疼、水泡、鸡眼等问题；而尺寸大了走起路来也会感觉不舒服。

对付新鞋磨脚的小妙招

每次穿新皮鞋总会有被磨破皮或脚后跟被磨疼一类的烦恼，如果长期如此，极容易导致疤痕、鸡眼、脚趾外翻等问题。而新鞋最容易磨脚的两个地方是脚后跟和大、小脚趾外侧，怎么办？可用下面几个小妙招来进行防护。

妙招1 贴创口贴。穿新鞋之前先给容易被磨的脚后跟或脚趾贴上创口贴，可有效避免新鞋磨脚。因此，我们不妨在随身背的包里备放几张创口贴。

妙招2 涂抹法。在新皮鞋磨脚处涂抹面霜，增加润滑感，可以减小摩擦。

妙招3 将一块湿纸巾晾干，再充分浸透白酒，用一个夹子固定在磨脚处，放置一晚上，能起到软化皮质的作用。

妙招4 擀压法。如果鞋子边缘部位磨脚，可用湿毛巾捂几分钟，使其潮湿变软，然后拿小玻璃瓶子或小木棍等圆柱形物体用力擀压几遍。

妙招5 楔撑法。如果新鞋因太小而夹脚，不妨用湿毛巾捂湿，再用鞋楔撑大，穿起来就好多了。

上述几种方法中除了第一个方法外，其余几个方法的原理都是软化皮革，具有一定可行性，但也会一定程度上减少皮鞋的寿命，因此，最好的方法还是学会选买到大小合适、穿着舒适的鞋。

🔍 链接 interlinkage

进口品牌鞋和国产品牌鞋的尺码对比

现在，进口品牌的鞋子越来越多，但很多人在选择时会发现尺码规格换算很麻烦，不知道自己该穿哪一号的。这里，我们将美国、日本、欧洲等国家及地区的常用鞋码号和国内鞋码号做个对比，只要你熟记下自己的尺码，以后不管买哪个进口品牌的鞋，都可以直接向售货人员报出自己需要的尺码来。

中国	美国	日本	欧洲	中国	美国	日本	欧洲	中国	美国	日本	欧洲
21	34.5	64	4	21.5	35	65	4.5	22	35.5	66	5
22.5	36	67	5.5	23	36.5	68	6	23.5	37	69	6.5
24	37.5	70	7	24.5	38	71	7.5	25	38.5	72	8
25.5	39	73	8.5	26	39.5	74	9	26.5	40	75	9.5

鸣　谢

统　　筹	梁春燕　刘晓琴
特约编辑	马玉珂　梁春燕　刘晓琴　陈　磊　张　翔　孙琪楠
摄　　影	夏　莉　张维平　唐庆华　阿　辉　蔡萍萍　东方伊甸园视觉艺术
插图绘制	倪　娜
图片处理	何小波　张维平
模　　特	辜艳君　王子秋　张　曦　毛　毛　小　艺
封面造型	钟晓琴(ADA)造型工作室　申丽萍
图片提供	潘婷　自然堂　OLAY　悠莱　羽西　Marie France Bodyline　TISSOT　冯氏出品
	百代EMI　嘉魅儿　AUPRES　百代唱片　欧莱雅　吉米造型　美宝莲　COVERGIRL
	ILLME　马来西亚旅游局　周伟　中国美容时尚(画)报　莱特妮丝　BEAUTYLEG

《你的形象价值百万》

英格丽·张　著

《晓梅说礼仪》

张晓梅　著

《晓梅说美容》

张晓梅　著

《晓梅说美体》

张晓梅　著

（京）新登字083号

图书在版编目（CIP）数据

晓梅说美体/张晓梅著. —北京：中国青年出版社，2008

（中国美女标准粉皮书系列）

ISBN 978-7-5006-8424-4

Ⅰ.晓...　Ⅱ.张...　Ⅲ.女性–人体美–基本知识　Ⅳ.B834.3

中国版本图书馆CIP数据核字（2008）第142283号

*

中国青年出版社出版 发行

社址：北京东四12条21号　邮政编码：100708

网址：www.cyp.com.cn

编辑部电话：（010）84014085　门市部电话：（010）84039659

中青印刷厂印刷　新华书店经销

*

720×1000　1/16　14印张　2插页　200千字

2009年5月北京第1版　2009年6月北京第2次印刷

印数：10001–20000册　定价：29.00 元

本图书如有印装质量问题,请凭购书发票与质检部联系调换

联系电话：(010)84047104